集成电路科学与技术丛书

图解入门——功率半导体基础与工艺精讲

（原书第3版）

[日] 佐藤淳一 著
朱光耀 译

机械工业出版社

本书以图解的方式深入浅出地讲述了功率半导体制造工艺的各个技术环节。全书共分为11章，分别是：功率半导体的全貌、功率半导体的基本原理、各种功率半导体的原理和作用、功率半导体的用途与市场、功率半导体的分类、用于功率半导体的硅片、功率半导体制造工艺的特点、功率半导体生产企业介绍、硅基功率半导体的发展、挑战硅极限的碳化硅与氮化镓、功率半导体开拓的碳减排时代。

本书适合与半导体业务相关的人士、准备涉足半导体领域的人士、对功率半导体感兴趣的职场人士和学生阅读。

图书在版编目（CIP）数据

图解入门：功率半导体基础与工艺精讲：原书第3版／（日）佐藤淳一著；朱光耀译．—北京：机械工业出版社，2023.11

（集成电路科学与技术丛书）

ISBN 978-7-111-73796-4

Ⅰ.①图… Ⅱ.①佐…②朱… Ⅲ.①半导体工艺-图解 Ⅳ.①TN305-64

中国国家版本馆CIP数据核字（2023）第167885号

机械工业出版社（北京市百万庄大街22号 邮政编码100037）

策划编辑：杨 源　　责任编辑：杨 源

责任校对：宋 安 刘雅娜　　责任印制：郜 敏

三河市宏达印刷有限公司印刷

2023年11月第1版第1次印刷

184mm×240mm · 12.75印张 · 251千字

标准书号：ISBN 978-7-111-73796-4

定价：99.00元

电话服务　　网络服务

客服电话：010-88361066　　机 工 官 网：www.cmpbook.com

010-88379833　　机 工 官 博：weibo.com/cmp1952

010-68326294　　金 书 网：www.golden-book.com

封底无防伪标均为盗版　　机工教育服务网：www.cmpedu.com

前　言

PREFACE

2011 年，笔者的《图解入门——功率半导体基础与工艺精讲》出版，2018 年笔者对一些内容进行了更新，继而推出了第 2 版。在此，笔者要向从初版至今的所有读者致以感谢!

相对于第 2 版，本版主要做了以下两点变化：第一，为了方便读者理解，对第 1~3 章的内容进行了修改。特别突出了这是一本以功率半导体为切入点的半导体科普书，努力让读者了解功率半导体与大规模集成电路的异同。第二，笔者根据自己多年来对行业的理解，结合功率半导体主要生产企业的情况，把半导体产业的发展动向为读者做一个介绍。

本书面向的读者群体，依然是对功率半导体感兴趣的业界人士和学生，需要对半导体相关基础知识有一定程度的了解。当然，对于那些有志于进入这一行业、走上职业道路的非专业人士，也非常欢迎您阅读本书。为此，笔者写作时尽量追求内容通俗易懂，眼界开阔。考虑到读者可能会提出的各种具体问题，笔者从什么是功率半导体、其发展历史、工作原理、应用、材料、工艺、生产企业等方面来全面阐述。同时，考虑到可能也有文科背景的人士阅读本书，笔者已经尽力照顾到专业上的差距，但材料、器件等原理性的说明，还是不可避免地需要使用理科的术语和表达方式。笔者认为，这本书的目的在于带领读者俯瞰功率半导体领域的全貌，所以读者朋友如果遇到一些过于专业、难以理解的地方，先跳过也是可以的。

本书是集成电路科学与技术丛书的其中一本，笔者写作时主要注意到了以下几点：

- 对于复杂难懂的专业内容，全部采用容易理解的图表来解释；
- 为了尽量真实地进行还原，许多内容描写了半导体器件生产车间里的实际状况；
- 对一些事物的历史沿革做了简单回顾，从而帮助读者对一些现状更加容易理解。

如果广大读者能从本书中受益，那么笔者写作此书的目的就达到了。

笔者常年从事半导体相关工作，期间得到了许多宝贵的指导和建议，正是各方的助力成就了这本书。最后列出了参考文献，但想必仍有疏漏，在此深表歉意。借此，对社会各界在成书过程中给予的支持表示衷心致谢，谨以此书作为对半导体行业的报答和回馈。

2022年5月　佐藤淳一

CONTENTS 目录

第11章
CHAPTER.11

词语表述和阅读方法说明

【词语表述】

本书中出现的专业词语的表述，遵从现行主流方式。

① 例如，关于 MOSFET 一词，以前的书中都写成 MOS FET 或者 MOS-FET，但近年来学术界、英文书籍上都写成 MOSFET，因此本书也用 MOSFET 来表述。与 FET 相关的 JFET 也是如此表述，MOS LSI 和 PN 结等也是同样的道理。

② 晶圆的直径，当达到 150mm 以上时，都以 mm 单位来计量，但因为业界新闻报道中还是习惯以英寸作为单位，所以本书为避免混乱，权且以英寸来计量和表述。

③ 随着时代和业界的发展而产生了许多变化，本书的一些地方还是以旧的方式来书写。另外，一般用语和专有名词的表述有差异的时候，多以参考资料的书写方式为准，但也有不同的书写方式混用的情况。

【阅读方法】

总体上，读者可以根据自己的需要决定章节的阅读顺序。但笔者还是将自己的写作意图记录在此，以供参考。本书的话题关联性并不限于目前的章节顺序，而是跳跃式的关联。

① 第 1 章到第 3 章将概括性地介绍功率半导体的全貌。后续随着章节的推进，会挖掘出更为深入的内容，将知识体系构建完整。有些篇幅难免令读者感到重复，敬请谅解。对器件原理的介绍，力求去繁取精，对深刻严谨的专业知识感兴趣的读者，还请查阅专业书籍。第 9 章介绍功率半导体业界的最新潮流。

② 功率半导体的实际应用，主要在第 4 章与第 11 章。第 4 章内容包含了迄今为止的实际成果，第 11 章主要是面向未来，展望远景。

③ 第 6 章介绍作为当前主流的硅晶圆的情况。第 10 章将介绍碳化硅和氮化镓等新型材料。

④ 功率半导体器件生产工艺主要在第 7 章介绍。

虽然已经尽量减少了公式和电路图的使用，但有一些地方还是无法避免。对此感到不便的读者，仍然建议您先跳过。另外，公众不太理解的一些专业用语，已经用“㊀㊁㊂”符号标注，并在页脚做了简单的说明。

CHAPTER 1

第 1 章

功率半导体的全貌

本章将着重介绍“功率半导体到底是什么”，从多角度进行阐述，对功率半导体的定位、作用进行概括，并与大规模集成电路（LSI）进行区分。

1-1 功率半导体到底是什么

我们从功率半导体的基本定义开始介绍，后续章节再慢慢展开。

1-1-1 关于“Power”的含义

Power（功率）一词被引入日语后，主要是当作“体力”或是“势力”之类的意思来使用。

本书中所说的“功率”，意思其实是“电力”。英语中，发电厂称为“Power House”或“Power Station”，输电线称为“Power Line”，电源叫作“Power Supply”，虽然没有“Electric-”的词缀，但都表示着电力相关的意思。而所谓功率半导体，如图1-1-1所示，就是用电气控制的方法将输入的电力进行转换，以其他形式进行输出的一种器件。这里所说的“电气控制”是非常重要的控制手段，因为与之相对的，也就是传统的“机械控制”，很容易随着年代久远而产生故障。那么什么是“电力转换”？这个问题将在后面解释（可参考1-2节）。

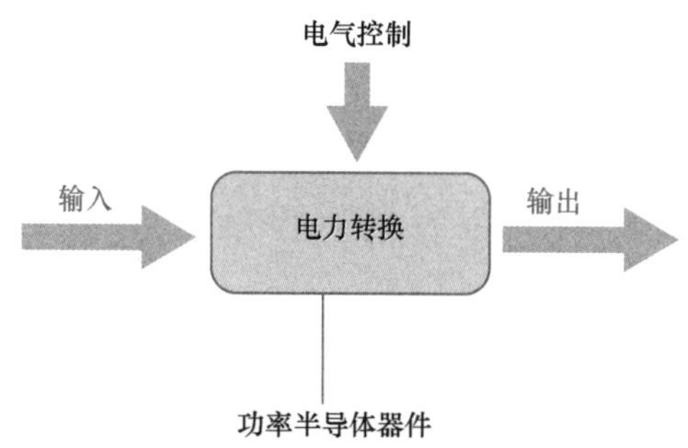

图1-1-1 功率半导体的作用

近年来，读者可能常常听到“半导体产能不足”这样的新闻，其中提到了“半导体”这个术语。“半导体”是一个与固体导电性相关的专业术语，同时也包含了半导体产品、半导体器件的意思。因此，“半导体产能不足”其实是指“半导体产品、半导体器件”产能不足。本书遵循惯例，提到半导体这个词语，就包括了半导体产品和半导体器件，也指半导体产业。半导体产业就是像图1-1-2那样，包含了半导体材料、半导体制造设备、半导体制造工艺、半导体产品、应用产品等，从上游到下游连成的一个整体，是电子信息产业不可缺少的组成部分。

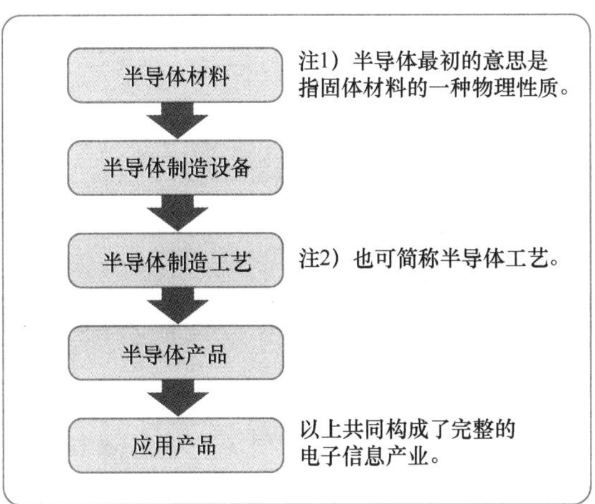

图 1-1-2　半导体产业，从上游到下游

1-1-2　与普通半导体器件的明显区别

功率半导体与普通半导体器件的区别：一方面，像前面所说的，功率半导体是专用于实现“电力”转换的装置，而普通半导体一般处理“信号”的转换和传输；另一方面，功率半导体的工作电流远远大于普通半导体器件。半导体器件究竟是如何分类的，这个问题会在 1-5 节说明。

因此，我们以生产一个半导体晶体管为例，功率晶体管和普通的晶体管，其基本构造（参考第 2 章）、制造工艺（参考第 7 章）到基础材料（参考第 6 章和第 10 章），包括生产企业（参考第 8 章），都是不一样的。

1-1-3　半导体产业与汽车产业的比较

半导体产业与汽车产业有一定的可比性，有共同点，也有不同点，如图 1-1-3 所示。共同点是：汽车的产品，从跑车到卡车，种类繁多，而半导体产业也是如此，其制造方法、生产企业也是百花齐放。与制造过程、生产企业相关的内容，分别安排在第 7 章和第 8 章来说明。

两者的不同点在于：汽车产业中，每一种品牌、型号的汽车，外观都是完全不一样的，体积都很大；而半导体产业中，同类产品的外观基本相同，体积都很小。

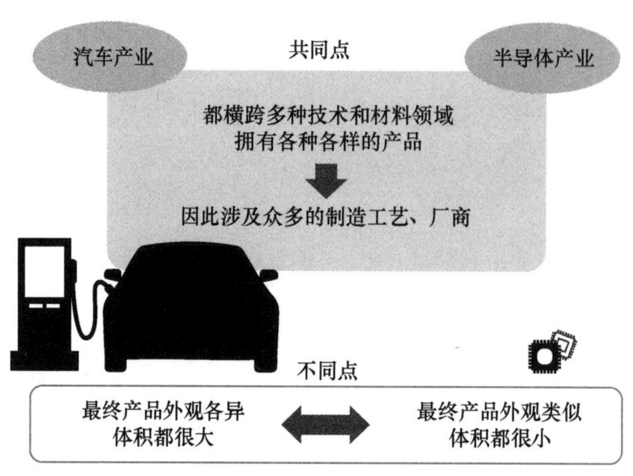

图 1-1-3　半导体产业与汽车产业的比较

1-2 把功率半导体比作人的身体

功率半导体相比于普通半导体器件，功能有什么区别？我们尝试用人体进行类比，来解释这个问题。

1-2-1 功率半导体的作用

半导体器件的用途多种多样。但正如前文所述的，半导体器件是由电气驱动的器件，它的工作过程就是将外部的电信号送入半导体器件，在器件内部转换成其他形式的电信号，然后从器件里向外输出。所以半导体器件本身并不能产生信号或是电力（能量），而是一种使信号和电力发生改变的转换装置。

在一些入门书籍或者讲座中，常常把半导体器件与人体进行类比。例如，计算机中的**MPU**[⊖]和存储器（Memory）掌管着信息的计算、处理和存储，可以比作大脑；传感器可以比作耳朵和眼睛等，就是人体的五种感官；太阳能电池可以产生能量（严格地说，只是将太阳能转换为电能），可以比作食道、肠胃之类的消化器官为人体提供营养。做了这样的类比，我们就比较容易理解。

那么功率半导体又如何呢？可能有人会联想到手脚上的肌肉，但实际上功率半导体本

⊖ MPU：Micro Processing Unit（微处理器）的缩写。内部含有一枚 CPU（Central Processing Unit，中央处理器），负责计算机中的运算和数据处理。

身并不能运动。机器中能运动的装置包括电动机、机械臂（含有运动部件的小型机械），或者 **MEMS**[㊀]之类的小型器件，这些可以比作手脚上的肌肉。而功率半导体是为这些装置供应电力或进行控制的，因此应该将其比作血管或神经才更合适。笔者试着按照自己的理解画出了图 1-2-1。

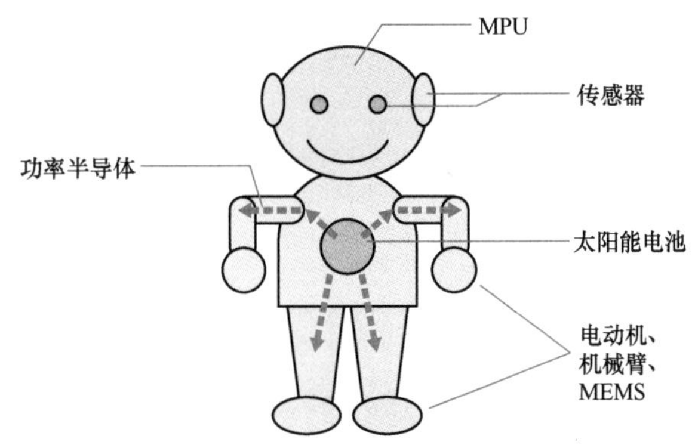

图 1-2-1　把功率半导体类比到人体上

1-2-2　什么是“电力转换”

功率半导体的作用，用一句话来概括，就是前文所说的“电力转换”。具体来说是怎么一回事呢？

我们在图 1-2-2 中做了一个概括。电信号包括**交流信号**（AC：Alternating Current）和**直流信号**（DC：Direct Current）。其实，将它们互相转换，就叫作“电力转换”。

①交流信号（AC）转换为直流信号（DC）：转换器（整流作用）
②直流信号（DC）转换为交流信号（AC）：逆变器
③交流信号（AC）转换为交流信号（AC）
④直流信号（DC）转换为直流信号（DC）

图 1-2-2　功率半导体的四种电力转换

其中用作**正向转换**的器件是**整流器（转换器）**（Converter）。正向转换是从交流信号转换为直流信号，其原理就是所谓的“**整流作用**”。关于“整流作用”，将在 3-1 节详细讨论。

㊀　MEMS：Micro Electro Mechanical System 的缩写，电子器件和机械器件的融合体，代表性的有加速度传感器。

相反，直流信号转换为交流信号称为**逆向转换**。实现这一转换的叫作**逆变器**（Inverter）。以后整流器、逆变器这些词将频繁出现，请读者牢记。除此之外，还有交流信号的频率或电压的转换，直流信号的电压转换。直流信号的情况下，我们不会说频率转换这回事，因为直流信号不存在频率。这种分类是根据电流的种类来划分的。

另外，可转换的参数可以按照电流、电压、频率这样来分类，就像图1-2-3中所示。记住这些，后面的章节还会再提起。③所说的频率转换是只存在于交流信号中的。

①交流→直流，直流→交流（前者为正向转换，后者为逆向转换）
②电压转换（尤其是直流电）：升压和降压
③频率转换（交流信号的情况下）

图1-2-3　功率半导体的三种转换作用

举例来说，电力机车的电力转换就是其中的一种，具体会在4-3节讨论。功率半导体具体是如何实现电力转换的，将从第3章以后开始说明。

功率半导体相比于其他半导体器件，比较不为人知。比如用于图像处理的大规模集成电路（详见1-5-3节脚注），它们所起到的作用人们可以很直观地看到。而用于电力转换的功率器件，人们无法直接感知。功率半导体正是在扮演着这种“无名英雄”的角色。

话说回来，同样叫作Inverter，在半导体的不同领域中具体表示的也可能是不同的意思。比如数字电路中的一种基本门电路“非门”，英文也是Inverter，其相关原理请参考2-9节。

1-3　身边的功率半导体

本节将举出一些人们日常生活中用到的功率半导体的案例，为了兼顾功率半导体的整体，会举出各种例子来发现它们的共同特征。希望以此来方便读者理解后续的章节。

日本的供电公司名称都是以“某某电力”来命名的，都带有“电力”二字。提起这两个字总是容易让人联想到发电厂、输电线上流过的巨大电流。电力表示单位时间内电的能量，物理学中叫作“电功率”，电功率=电压×电流，看到这个公式，就能明白作为电力转换器件的功率半导体，为什么需要那么大的电压和电流了。

那么功率半导体在我们的家庭里，具体用在了哪些地方呢？

按照如今的生活水平，举几个例子来看日常所用到的功率半导体。本书中所列举的数据，都是按照日本的标准来说的。一般来说，从电网送到每个家庭的供电电压都是100V

（伏特，电压单位，下同），但电流却按照情况各有不同，都是几十 A（安培，电流单位，下同）。我们晚上看书要用到日光灯，日光灯从家里的插线板（100V 交流电）获取电力，其工作原理是这样的：日光灯的灯丝被加热，电极间被加上高电压后产生放电现象，将电能转换为了光能。这样即使是在夜里，人们也可以读书了。

以前老式的日光灯，会让人觉得灯光好像在闪烁。这是由于日光灯在 1s 内，其实发生了 100~120 次“开”和“关”的动作，因而造成了闪烁的感觉。

后来“逆变器”被应用到了日光灯上，灯就不再闪烁了。首先，家用的 100V（50Hz 或 60Hz）交流电被整流电路转换为直流电，接着通过逆变器，直流电再次变成交流电，但这次的频率变成了 50kHz。50kHz 意味着日光灯每秒钟开关 5 万次，人的眼睛觉察不出这样快速的变化，也就不觉得灯光闪烁了。

通过这个例子我们明白了，在这个过程中发生了两次电力转换：第一次是交流电到直流电，第二次是直流电到交流电，如图 1-3-1 所示。而在所用到的整流电路和逆变器中，起到关键作用的就是功率半导体。

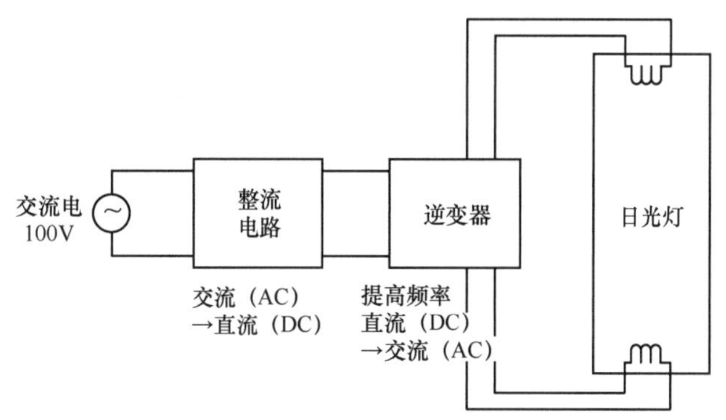

图 1-3-1　应用逆变器的日光灯的照明的原理图

把最初固定电压、固定频率的交流电经过整流电路转换为直流电，电压可以根据实际需要来控制。更重要的是，直流电可以经过逆变器的作用，转换为其他频率的交流电，来满足不同电器的要求。

什么是“逆变器控制”

我们来看下一个例子。可能有人听说过，空调也是用逆变器来控制的。的确，现代的空调几乎都是用逆变器来控制的。具体来说，是利用逆变器改变交流电的频率，根据环境的温度，来调整空调压缩机（Compressor）中电动机的转速，以此来达到节能的目的。

电动机转速越高，温度变化就越快；电动机转速越低，温度变化就越慢。在没有使用逆变器控制以前，老式空调的电动机只有开（on）和关（off）两档，一旦打开，转速就是固定的，这样非常浪费电能。有了逆变器以后，电动机的转速就不再是固定的，而是可以按照实际需要来控制，从而实现了节能。

图1-3-2简单地画出了这种结构示意图。没有逆变器的老式空调机，温度变化用不同颜色的折线来表示；而使用逆变器控制的空调机，温度变化用黑色曲线来表示。不难看出，黑色曲线所对应的温度调整更加平稳。

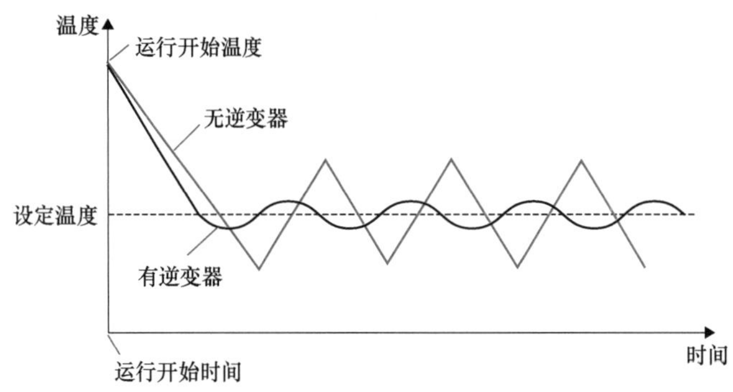

图1-3-2　有/无逆变器空调工作过程比较图

总而言之，逆变器灵活地调整了空调机中交流电的频率和电压值，提高了工作效率。而逆变器中的关键元件，就是功率半导体，后面还会详细阐述。

如今，在舒适的空调房里，在日光灯下阅读本书的读者，都应该感谢功率半导体的贡献。

这就是功率半导体在我们日常生活中发挥作用的两个例子。

其他身边的例子还有，比如计算机的电源适配器。这里同样是将100V商用交流电经过整流电路（就是1-2节中所说的转换器）变为直流电，并调整为计算机工作所需的电压值。整流电路的原理可以参考本书3-1节，其中用到了功率二极管，也属于功率半导体。另外顺便一提，电源适配器很重，因为其中的变压器是在一块铁芯上用大量导线绕制而成的。变压器的作用就是把商业用电的高电压转换为计算机所需的低电压。

1-4 电子信息产业中功率半导体的定位

在本节中，我们一起看一看，在总市值300兆日元（译者注：按日本的换算规则，1兆=1万亿）的全球电子产品市场中，功率半导体的定位。

1-4-1 电子产品

常见的电子产品有哪些？在图 1-4-1 中根据用途对电子产品做了分类，并举了一些例子。电子产品的范围非常广泛，这张表尽量列出了其中的主要部分。其中，功率半导体属于半导体类别中的**分立半导体**，这在 1-5 节中将会提到。

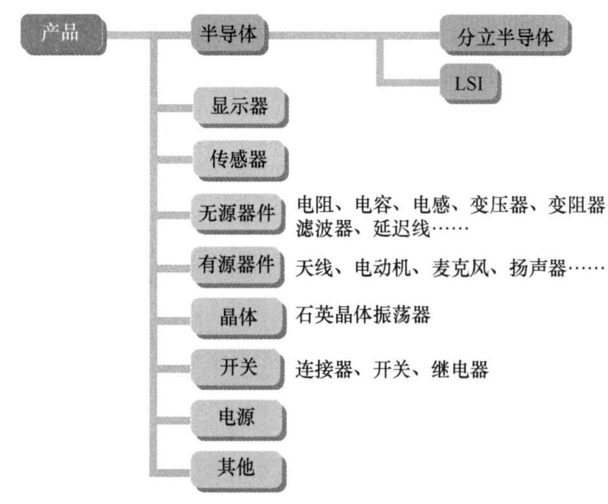

图 1-4-1 电子产品根据用途分类和举例

1-4-2 可实现高速开关的半导体器件

接着来看一下电子产品中的一个分类——半导体器件。先简单介绍一下什么是半导体。

在物理学中，一种固体如果能导电（电流能在其中通过），就称为导体，例如金属；如果不能导电（电流无法在其中通过），就称为绝缘体，例如塑料；而半导体则是介于导体和绝缘体之间的一类固体，如图 1-4-2 所示。半导体在一般情况下不导电，但是在某些情况下就变得可以导电。第 2 章将会详述，可以通过外部的电信号来控制半导体的导电性，使其导电或不导电。导电性可以人为控制，这是半导体的一个特性。换句话说，半导体可以使电流时而流通，时而不流通（不流通就叫作截止）。这样半导体就相当于一个开关，并且这个开关可以在开和关两个状态之间实现每秒上万次的高速切换。我们生活中常见的机械开关，是无法进行这样的高速开关的。这种高速开关的能力是半导体所独有的，尤其是对于功率半导体来说，这个能力非常重要。

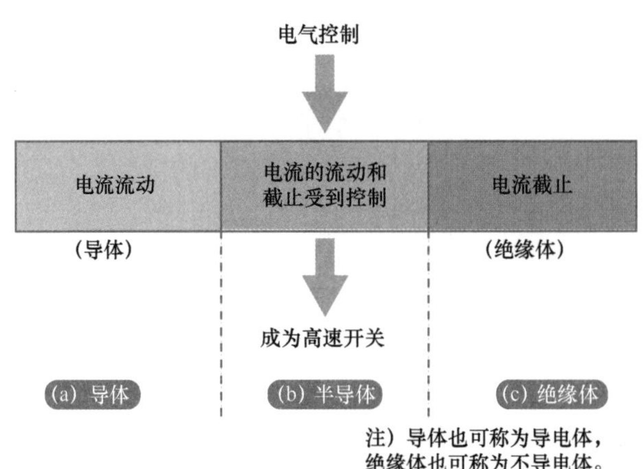

图 1-4-2　导体、半导体、绝缘体的特点

总结起来，我们明白了半导体器件可以在电信号的控制之下，实现开关以及其他动作。这是一种**有源器件**㊀。

1-5　半导体器件中的功率半导体

半导体器件的市场虽然受到各种因素影响，但全世界的规模依然有50万亿日元以上（受汇率影响）。这里我们尝试在半导体器件中为功率半导体做一个定位。

1-5-1　半导体器件与时代潮流

在笔者小时候，集成电路才刚刚出现，在印象中，晶体管是那个时代半导体器件的主流。两根管脚的罐头形晶体管和三根管脚的塑料封装晶体管，是当时身边常见的半导体。笔者年轻时曾跟一位姑娘聊天。对方问："您是做什么工作的？"笔者回答说："我是做半导体相关工作的。"结果对方非常仰慕："呀，那计算机什么的您也一定很懂吧？"然后又追着问了很多问题。后来的谈话内容已经记不清了，但这样的谈话反映出了人们对半导体的普遍认知。当时社会上到处有 Intel Inside 或者英特尔的广告，所以"半导体=计算机"这样一种理解深入人心。

笔者想表达的意思是，半导体的应用范围一直在扩大，不断涌现的半导体产品，每一

㊀　有源器件：是需要外部提供能源才能工作的电子元件，也称为主动元件（Active Device）。

个都代表着那个时代的技术水平、尖端商品和发展趋势。笔者年轻时，是半导体=晶体管收音机的时代。20世纪80—90年代，是半导体=电视游戏机的时代。现在也许应该说是平板计算机、智能手机的时代了。而将来则有可能是电动汽车的时代。

1-5-2 功率半导体是无名英雄吗

虽然半导体已经走进了我们生活的方方面面，但是要说其中的功率半导体这一分支，有什么代表性的产品，却怎么想也想不到。原因之一是像前文所说的，功率半导体总是在不显眼的地方发挥作用。后面会说到，功率半导体在电力机车上用作电力转换，只在一般人看不到的地方用得比较多。这就是功率半导体被称为无名英雄的原因吧。最近IH（电磁感应加热）电磁炉的热卖，让功率半导体也有了扬眉吐气的机会。

我们对电路中的所有元件做一个分类，如图1-5-1所示。其中，半导体器件属于有源器件（Active Device）。有源器件需要外部电源提供能量，将输入进来的电能或信号进行转换。图中深色背景的就是**功率半导体**。功率半导体在如今的半导体市场中占有一成的比例。

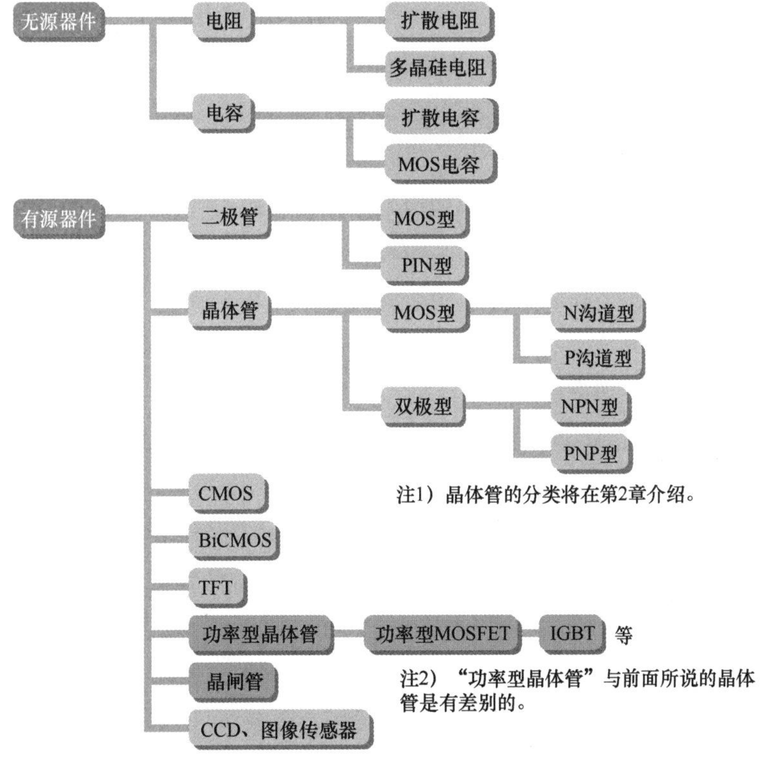

图1-5-1 电路中的所有元件分类

1-5-3 半导体中的功率半导体

图1-5-2中将半导体器件分为集成器件和分立器件（单功能器件）两类。从这种分类中可以看到，功率半导体属于分立半导体器件。不同于大规模集成电路（**LSI**[⊖]）是由各种半导体器件组合而成，具有复杂的功能和大的记忆容量，分立半导体只是用来实现单一的功能，所以又称为单功能器件。除了功率半导体以外，CCD之类的图像传感器，将图像信号转换为电信号，也属于单功能器件。

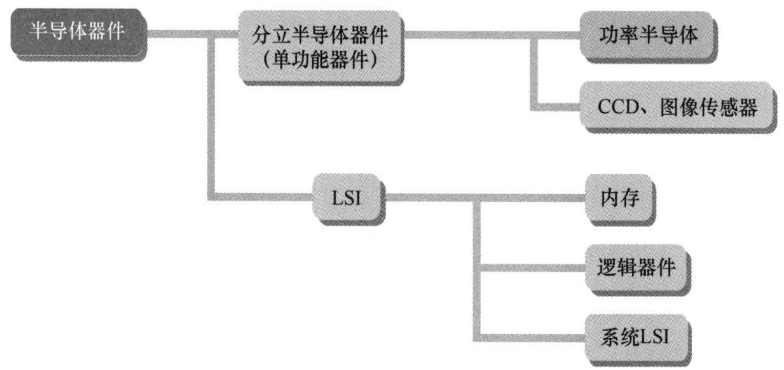

图1-5-2 半导体器件分为集成器件和分立器件

在种类如此繁多的半导体器件中，功率半导体到底处于什么样的定位呢？大规模集成电路（LSI）是用来处理信号的，功率半导体是处理电力的。提到电力我们会联想到什么呢？现代人的生活中，电力作为最普遍的能源，是不可缺少的。没有经历过自然灾害的人可能无法体会，但如果有谁经历过因地震、积雪而造成长时间停电，那一定会明白电力在那种时候是多么宝贵。在如今的时代，电力已经和空气、水一样，支持着人类的生命。所以没有功率半导体，就没有我们如今的生活。

1-6 晶体管构造的差异

这里我们将比较普通晶体管和功率半导体晶体管的基本区别。以MOS晶体管为例进行比较，是最能看出差异的。

⊖ LSI：Large Scaled Integrated circuit的缩写，意为大规模集成电路，在一个电路中至少含有1000个以上电子元件。

1-6-1 普通的 MOS 晶体管

目前市面上常见的硅基半导体入门书籍，都是以**MOS 晶体管**为例来写的。MOS 晶体管的结构图如图 1-6-1 所示。图中画出了 MOS 晶体管的一个纵剖面，包括三个电极（或称为端子）：源极（Source）、漏极（Drain）、栅极（Gate），都位于硅晶圆的正面。假设电流或者说载流子（Carrier）的流动都限于图中这个范围内。大规模集成电路（LSI）中所用的 MOS 晶体管，主要在数字电路中实现信号转换，在低电压的控制下实现电路的开关操作。图 1-6-1 所示的结构图中，电流是沿着水平方向的沟道（Channel）来流动的。如果要让沟道中的电流变大，只要将沟道向垂直于纸面的深处扩展，使载流子的通道变宽就可以了。就像在车道上行驶，车道越宽，允许通过的车流量就越大。

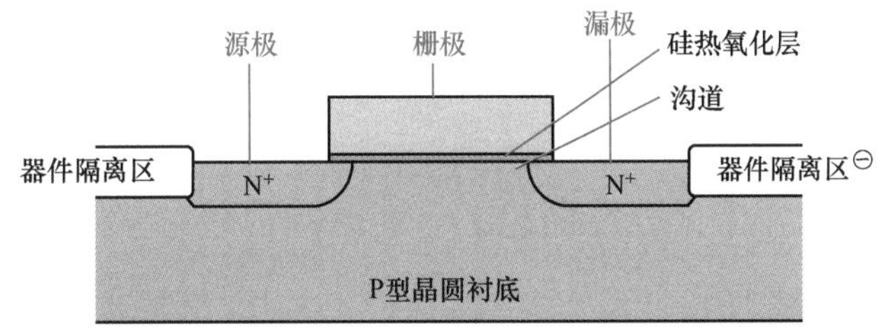

图 1-6-1 普通的 MOS 晶体管的剖面结构图

非常抱歉，这里一下子出现了很多专业术语，对于一些读者来说可能非常陌生。如果您不是特别熟悉，可以参考第 2 章的内容。

1-6-2 功率型 MOS 晶体管

与之相比，功率型 MOS 晶体管，或者说功率型 MOSFET㊁的结构就大大不同。最显著的特点是，其漏极的电极是在晶圆的背面形成的，如图 1-6-2 所示。大规模集成电路中的普通 MOSFET 只需要实现小信号电流的开关，所以只需要薄薄的一层沟道；而功率型 MOSFET，由于需要通过很大的电流，所以必须将晶圆的整个厚度全部当作电流通路来使用。这是两种 MOSFET 的差异之一。由此带来的结果是电流的方向也是不同的，普通 MOSFET 电流是沿着晶圆平面水平流动，功率型 MOSFET 的电流则是沿着垂直晶圆方向流动。另外，我们在第 6 章还将看到，功率型 MOSFET 要求在电流流经的路径（也就是晶圆

㊀ 器件隔离区：为了让相邻的器件之间不互相影响，在这里设置绝缘区域，从而将两个器件分隔开。

㊁ MOSFET：与 MOS 晶体管意思完全相同。MOSFET 更加强调器件的构造，而 MOS 晶体管强调类别。

厚度方向）上掺杂浓度均匀，所以用FZ（悬浮区熔）法得到的硅晶圆来制作功率型MOSFET是最理想的。

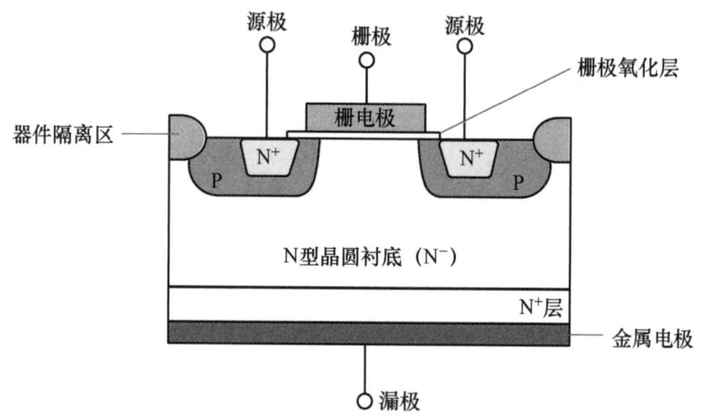

图1-6-2　功率型MOSFET的剖面结构图

1-6-3　两种类型晶体管的差异

到此为止，我们所列举的差异都总结在了图1-6-3中。总的来说，读者必须知道，两者基本构成要素是一样的，但具体构造是完全不同的。这些差异也会体现在它们的制造工艺上，这将在第7章讨论。

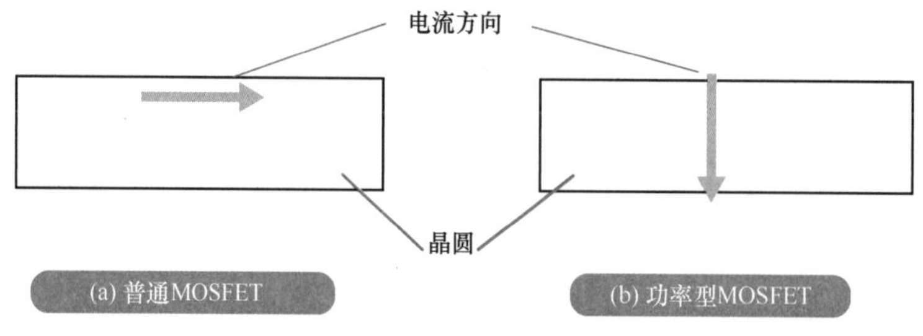

图1-6-3　晶圆（衬底）中电流方向的示意图

1-6-4　从上向下地看晶体管的构造

常见的硅基半导体入门书籍中，讲述MOSFET的构造都会采用图1-6-1和图1-6-2那样的图片来表示，也就是从纵剖面来看晶体管的结构。那么从上向下看平面图会是什么情况呢？

我们用图 1-6-4 来表示。普通 MOSFET 的结构，如许多书中所讲，就是源极、漏极夹住了中间的栅极。与之相对的，功率型 MOSFET 则是这样的结构：漏极是包围着栅极的，对栅极施加电压的时候，其下方的 FET（场效应管）进入 on（开启）的状态，电流从硅晶圆正面的源极流向背面的漏极。为了方便看清楚，这个图中没有按照实际比例来画图。实际上用于逻辑运算的普通 MOS 晶体管肯定比功率型 MOS 晶体管小很多。

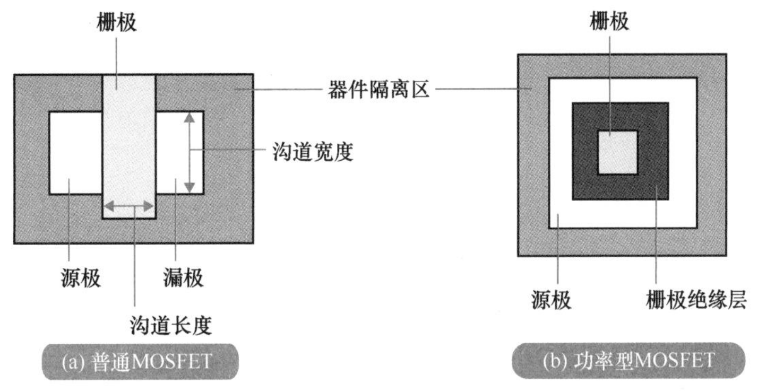

图 1-6-4　晶体管构造的差异（俯视图）

另外补充一个知识点，晶体管中电流的大小与沟道宽度成正比，与沟道长度成反比。恳请读者记住这一点，这也将有助于对后面章节的理解。

CHAPTER 2

第2章

功率半导体的基本原理

本章将围绕半导体的定义，解释使半导体器件可以工作的“两个要素”。然后从开关作用的角度来解释各种半导体器件的工作原理。懂得这些基本原理，将有助于理解功率半导体的功能。

2-1 半导体的基本原理

下面对半导体的基本原理做一个概述。这里所说的半导体都是指硅材料半导体。

2-1-1 什么是半导体

笔者尽量用最简单的语言来描述这个概念。先从固体的导电性来看，正如 1-4 节所说，半导体是介于绝缘体和导体之间的物质。

关于导电性的具体数值，可以看图 2-1-1，图中的数轴表示的是电阻率的变化，电阻率越小，电导率就越大，也就是导电性越强。从图中看到，半导体占据着在绝缘体和导体之间很大的范围。换言之，半导体同时具有绝缘体和导体的特性。它可以让电流时而导通，时而截止，也就是表现出所谓的“开关特性”。

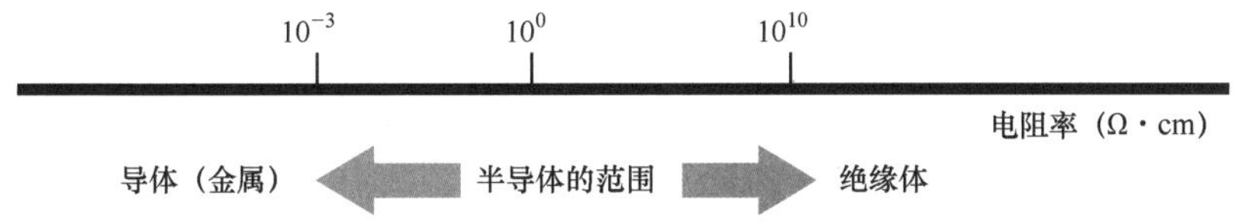

图 2-1-1 电阻率与半导体的关系

电流的本质，是电流的载体——载流子（Carrier），也就是**电子**或**空穴**㊀带着电荷进行移动，电荷移动就形成电流。在半导体中，也存在着这样的载流子（以后会经常提到载流子这个概念）。

电子的概念大家很熟悉，但空穴这个概念可能很多人没有听过。其实，空穴就是将电子从某个位置移走后留下的空洞。由于电子带有负电荷，那么电子移走后，留下的这个空洞就带有正电荷。

2-1-2 固体中载流子的运动

只要载流子发生了运动，就可以认为产生了电流。但是载流子流动到底是怎样一幅具体的画面，这不是我们日常生活中见得到的，所以也是理解半导体乃至器件原理的一大困难。

㊀ 空穴：英语中的 Positive Hole。可以理解为电子移走后留下的空洞。电子和空穴没有分开之前，整体呈现电中性；带负电的电子移开之后，留下的空穴就带正电。

半导体出现之前，所谓的电子器件其实是指以真空管为代表的电子管。真空管中的载流子（只有电子，没有空穴）在真空中运动，所以只要想象一个物体不受干扰地在真空中运动，就可以理解真空中载流子的运动了。

而对于固体中的情况，要理解载流子的运动，我们试着用下面这个比方，来为大家提供一个具体的画面。参考图2-1-2。

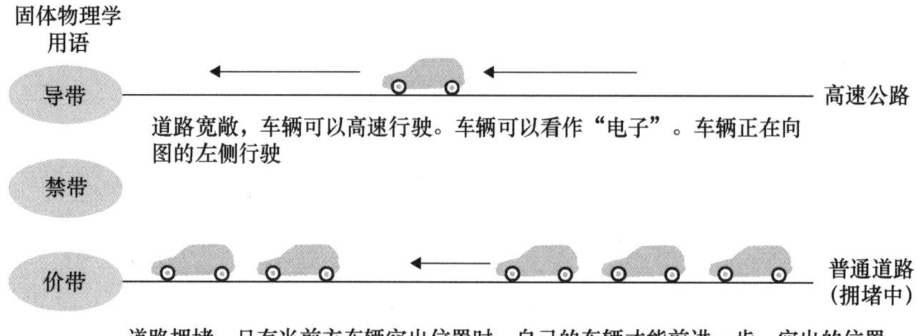

图 2-1-2　载流子运动的概念

在固体中，有些电子可以自由移动，这样的电子可以看作是在空旷的高速公路上疾驰的汽车。而在普通的城市道路上，大量的汽车拥堵着。当一辆汽车发现自己前方有空位，就向前开过去占据了空位，同时自己原来待的地方就成为新的空位，等着后续车辆来占据。这个空位就是固体中的空穴，是电子离开原位后留下的，并且朝着与电子相反的方向运动着。

这就是电子和空穴在固体中运动的方式。另外，这个例子还让我们看到，自由运动的电子的速度（高速公路上的汽车），是要比空穴（拥堵的城市道路的空位）快的，用专业的语言来说，就是电子的迁移率高于空穴的迁移率，迁移率可以理解为移动的难易程度。

2-1-3　掺入杂质增加载流子

那么在硅的晶体中，含有多少载流子呢？我们把热平衡状态下的硅半导体称为**本征半导体**[㊀]，里面的载流子数量很少，所以不具有导电性。要让这种本征半导体成为半导体器

㊀ 本征半导体：既非N型也非P型的半导体，有时也称为I型半导体。

件，起到导电的作用，首先要对其加入硅以外的元素，这个步骤称为掺杂（Doping），由这些元素来提供额外的载流子，实现导电。

对如何掺杂感兴趣的读者，恳请参考我们系列丛书中的另外两本：《图解入门——半导体制造工艺基础精讲（原书第 4 版）》和《图解入门——半导体制造设备基础与构造精讲（原书第 3 版）》。

如图 2-1-3 所示，通常，能够提供电子的元素是**电子**[⊖]数多于Ⅳ族元素硅的Ⅴ族元素，例如磷（P）等。而能够提供空穴的元素，是电子数较少的Ⅲ族元素，例如硼（B）等。

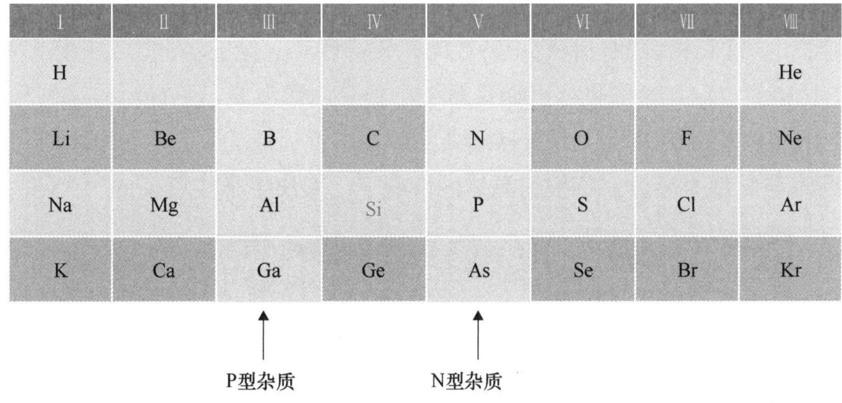

Ⅰ	Ⅱ	Ⅲ	Ⅳ	Ⅴ	Ⅵ	Ⅶ	Ⅷ
H							He
Li	Be	B	C	N	O	F	Ne
Na	Mg	Al	Si	P	S	Cl	Ar
K	Ca	Ga	Ge	As	Se	Br	Kr

图 2-1-3　N 型杂质和 P 型杂质

前者可以称为 N 型杂质，后者可以称为 P 型杂质。进而将 N 型杂质掺入半导体得到的就是 N 型半导体，将 P 型杂质掺入得到的就是 P 型半导体。

杂质（Impurity），也可以叫作掺杂物（Dopant）。掺杂这种说法总是给人不好的感觉，但对于半导体器件来说，这是至关重要的基本要素。

2-2 关于 PN 结

掺杂是使半导体器件能工作的第一个要素，而第二个要素，就要说到 PN 结了。解释半导体的工作原理一定少不了 PN 结。接下来用简洁明了的语言来介绍它的功能吧。

⊖ 电子：这里特指原子周围位于最外层的电子，又叫作价电子。

2-2-1 硅材料为什么如此重要

还是必须先说明为什么硅材料如此重要。

晶体管作为半导体器件的代表，其实最早是用锗（Ge）材料来制作的。但是半导体器件对耐压性（最大能承受多大的电压而不击穿）是有要求的，在这方面锗材料是不理想的。影响耐压性的因素是半导体材料的禁带宽度的大小。

硅的禁带宽度高于锗，所以耐压性更强。因此人们加紧研究硅材料，为半导体器件提供良好的基础材料。可以说，当单晶硅的制作工艺（见第6章）确立之后，功率半导体的时代初次到来㊀。硅和锗两种材料物理特性的区别，已经总结在了图2-2-1中。

硅材料比锗材料耐压性能更好，而且对于结型晶体管来说，用硅材料来制作会更加容易。硅基结型晶体管很快就取代了**点接触式**㊁锗晶体管，成为主流。所谓“结型”，指的是N型半导体与P型半导体在不损伤晶体的情况下，形成了下文所说的“PN结”。

	Si	Ge
禁带宽度（eV）	1.10	0.70
电子迁移率（$cm^2/V\cdot s$）	1,350	3,800
空穴迁移率（$cm^2/V\cdot s$）	400	1,800

注）表中的电子迁移率、空穴迁移率表示的是半导体中这两种导电机构的移动速度，数值越大表示越容易移动。如果不区分电子和空穴，也统称为载流子迁移率。

图2-2-1 硅和锗两种材料物理特性的区别

2-2-2 什么是PN结

如前所述，要制作带有电子和空穴这两种不同极性载流子的晶体管器件，就一定少不了PN结。所谓**PN结**，如图2-2-2所示，就是以电子为**多数载流子**㊂（Majority Carrier）的N型区域，与以空穴为多数载流子的P型区域，在不损伤晶体的情况下结合在一起形成的结构。

㊀ 功率半导体的时代初次到来：当然，它也促进了以LSI为首的半导体产业的发展。

㊁ 点接触式：在一块锗晶体上表面接触两片十分靠近但隔绝的金箔，一片作为发射极，另一片作为集电极，锗晶体下表面再以铜电极作为基极，这就是1947年世界上第一个晶体管的结构。

㊂ 多数载流子：在这个半导体中数量较多的一种载流子。数量较少的另一种载流子，就叫作少数载流子。

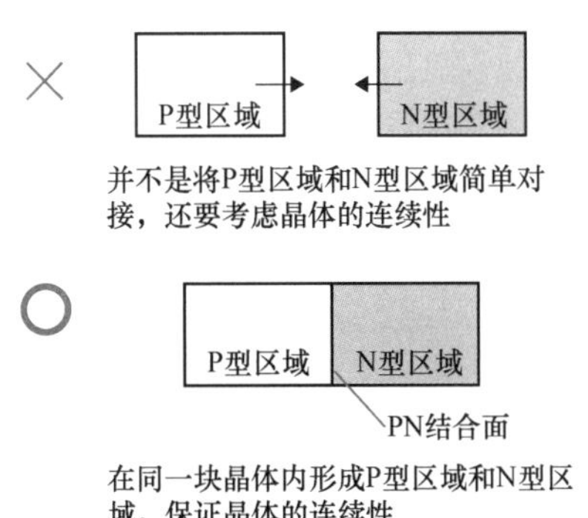

(a) PN结的形成方法

这是在P型区域中形成N型区域获得PN结的例子

左侧只是示意图，实际的PN结都是如上图的方法形成的

(b) 实际的PN结

图 2-2-2　PN 结的概念图

这里有很多人会认为“N 型半导体中只含有电子，P 型半导体中只含有空穴”。这种说法是不对的，必须说明：N 型半导体中同样含有空穴，P 型半导体中同样含有电子，只是它们在各自的区域中被称为**少数载流子**（Minority Carrier）。

而且图 2-2-2 中的 N 型和 P 型半导体的接触方式，不能理解为是两个原本分离的半导体此时被对接在一起。实际情况是像图 2-2-2（b）那样，是在一整块连续的半导体的区域内，通过掺杂形成另一种半导体，如此形成 PN 结。这牵涉到制造工艺，详细过程现在暂时不讲，总的来说，是通过包括热扩散、离子注入等方法而形成的。

由于伴随着热处理的过程，所以也是采用硅材料更好，因为硅的耐热性也比锗强。

两种半导体相结合的平面，称为**结合面**。在图 2-2-2（b）中，结合面是垂直于纸面的，请读者想象这个平面向纸外延伸出来，形成一个三维立体的结构。

2-2-3　正向偏压和反向偏压

有了上述的 PN 结，加上一定的偏压，就可以控制电流的流动了。所谓偏压，就是在两个电极上加上大小不同的电压的意思。

如图 2-2-3 所示，当外加偏压方向是从 P 型区域指向 N 型区域，这就叫作正向偏压。反向偏压指的就是与上面相反的情况，外加电压的方向是从 N 型区域指向 P 型区域。

记住这个结论：对 PN 结施加正向偏压，将会有助于多数载流子的流动，PN 结处于开启状态；对 PN 结施加反向偏压，则会阻碍多数载流子的流动，PN 结将进入关断状态。

所以对 PN 结施加不同方向的偏压，就可以实现电路的开启和关断，也就是开关功能。

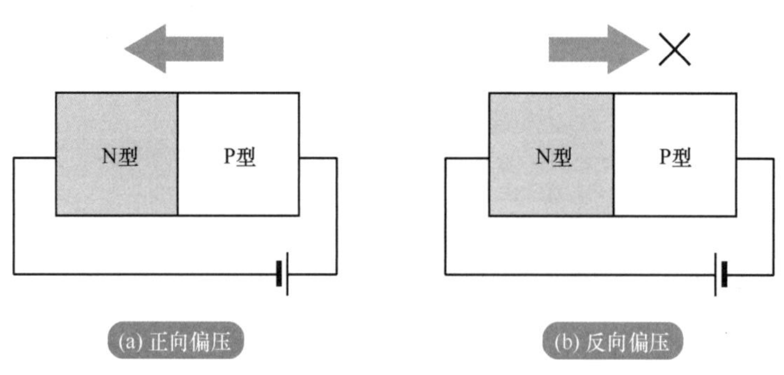

图 2-2-3　PN 结上的正向偏压和反向偏压

还要注意区分“电流”的流动方向和“电子”的流动方向。电流的流动方向，代表正载流子（空穴）的移动方向，所以一定是从电源正极流向负极的；但电子的移动方向，代表了负载流子的流动方向，是与电流的流动方向相反的，这一点一定注意。

外加偏压的正向和反向为什么会影响载流子的流动？这个问题暂时不好回答，请看3-1节，那里有一些详细的说明。

如果 PN 结的正向和反向偏压都明白了，就可以理解 2-4 节所说的双极型晶体管了。

到此为止，如何让本征半导体硅中载流子的流动变得可控，也就是形成半导体器件所需的两个要素“掺杂”和“PN 结”，就介绍完了。

2-3 晶体管的基本原理

这里总体概括一下晶体管的基本工作原理，主要会围绕开关功能来描述。

2-3-1 什么是开关

前面多次提到过的**开关**（Switching）到底是怎么一回事呢？

开关其实就是使电流时而可以流动，时而无法流动。或者说，使载流子在流动和停止两种状态中快速切换，就是 on 和 off 两种状态的快速转换。

可以通过图 2-3-1 来建立开关的图像，横轴为时间轴。随着时间的推移，电流在流动和停止两种状态间来回转换。

就像 2-2 节中所说的，要成为半导体器件，必须满足两个要素：第一，是“掺杂”使半导体中存在一定浓度的载流子。第二，必须形成“PN 结”。在这两个要素的基础上，器件才能具备开关功能，让载流子流动起来。有两种方式可以控制开关，一种是通过电流来控制，另一种是通过电压来控制，详细情况将在 2-4 节之后介绍。

要让电流向一个方向流动，就必须有推进的力量，这就需要外加电压。在导体中也是这样的，没有电压就没有电流。

由此就有了这样一个结构，如图 2-3-2 所示，在其两端有两个电极，用来施加外电压，还要在中间用一个电极作为电路的开关，总共就有三个电极。两端的电极，一端是用来从电源接受载流子供应给这个器件，另一端是用来从器件回收载流子，返回到电源。

另外图 2-3-1 所示的这种脉冲（Pulse）型的电流，在经过其他电路后，会被转换成图 2-3-3所示的正弦交流电流。内容过于深奥不便展开，想要了解的读者可以查阅资料，了解一下 PWM 的概念。

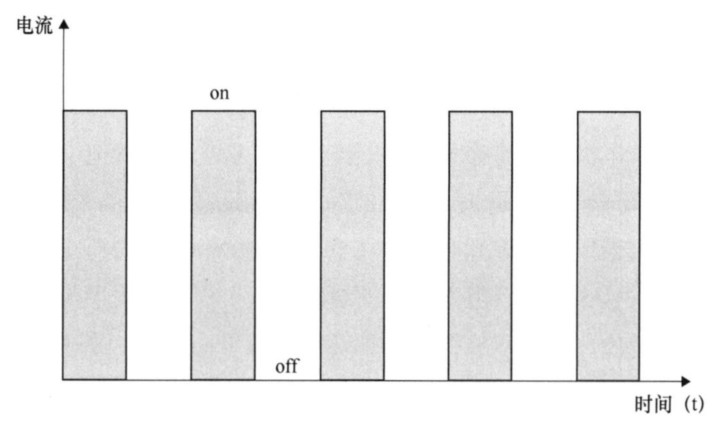

图 2-3-1　电流的开关状态

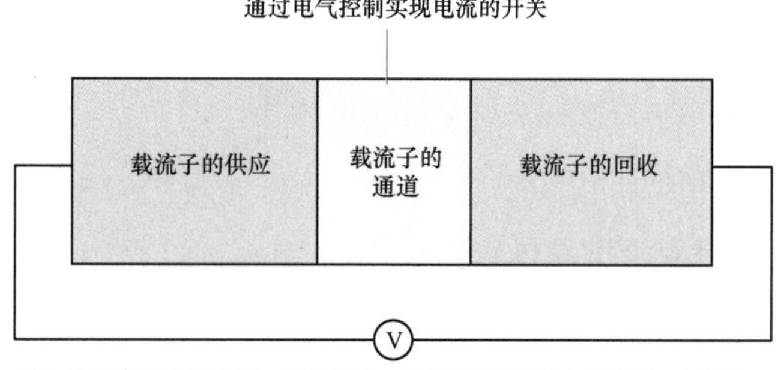

图 2-3-2　由开关控制的器件示意图

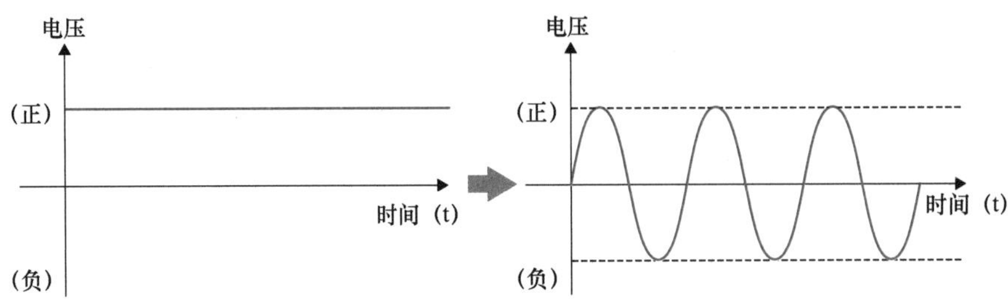

这是从直流电（DC）转换为交流电（AC），也就是逆变的一个例子

图 2-3-3　直流电转换为交流电

2-3-2　什么是晶体三极管

前面这样的有三个电极的器件称为晶体三极管，一般简称三极管，或**晶体管**。其英文单词 Transistor 是一个复合词[㊀]，是 Transfer of Energy through Resistor 的简称。

作为一种早就实现商用的固态器件，晶体管已有 70 年以上的历史了。当然，晶体管的作用远远不止是开关这么简单，但本书是围绕开关这个作用来说明的。

在晶体管这个大类中，还有双极型晶体管（Bipolar Transistor）和 MOS 晶体管（1-6 节已经提过）之分。前者是依靠电流来控制开关的器件，后者是依靠电压来控制开关的器件。

各种详细情况将在 2-4 节和 2-5 节继续介绍。

2-4　双极型晶体管的基本原理

本节将概述双极型晶体管的基本原理。

2-4-1　什么是双极型晶体管

图 1-5-1 对晶体管进行了分类，另外上一节也提到了双极型晶体管和 MOS 晶体管。这里先介绍双极型晶体管，下一节讲解 MOS 晶体管。

双极型（Bipolar），是将词缀“bi-”（是“双”的意思，又如 Bicycle 二轮脚踏车）和

㊀ 复合词：Transistor 这个词是为了说明晶体管的作用而创造出来的。

"polar-"（"极性"的意思，电场有正负极性）结合在一起创造出来的词。

前面我们了解到，载流子分为带正电的空穴和带负电的电子。双极型晶体管之所以称为"双极型"，就是因为同时用到了这两种载流子。

2-4-2 双极型晶体管的原理

这里依照图 2-3-2 的结构来说明。双极型晶体管有基极、发射极、集电极三个电极。发射极（Emitter）有"发出"的意思。集电极（Collector）是"收集"的意思。基极（Base）是"基础"的意思。双极型晶体管可以理解为一个"通过控制基极电流来工作的器件"。

按照这样的理解，就得到了图 2-4-1。也就是说发射极是载流子的供应者，集电极是载流子的回收者，基极起到开关的作用，控制载流子的移动。

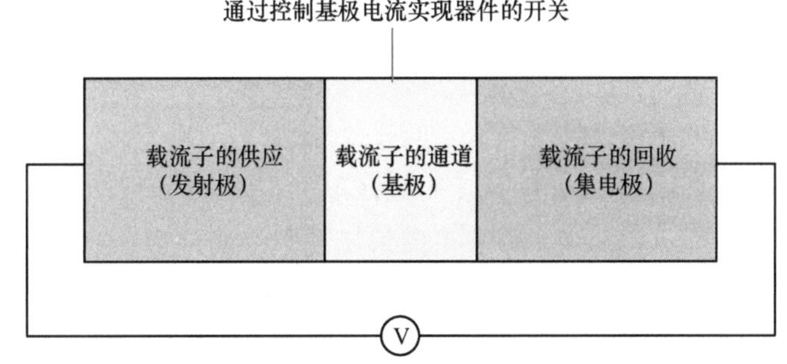

注）这只是一张示意图，各区域的大小和位置关系与实际情况有差异。
后续的图片也是一样。

图 2-4-1　电流控制型开关的示意图

2-4-3 双极型晶体管的连接

现在请读者考虑图 2-4-2 所示的 PNP 型双极型晶体管（参考图 1-5-1 中的分类）。请把它的结构理解为两个背靠背紧贴在一起的 PN 结，并且从左到右依次是发射极、基极、集电极。发射极和集电极看起来是两个一样的 P 型区域，但实际上集电极的掺杂浓度是比发射极低的。

要让这个器件工作，还需要引出电极、连成回路，如图 2-4-2 所示。回路的连接方法中，晶体管有"共发射极""共基极""共集电极"等不同的接法，但内部原理其实是类似的。这里讨论的是"共基极"（即基极接地）的情况。

那么对背靠背的 PN 结"如何施加电压"，将是接下来要讨论的问题。对 PN 结施加正向或反向的电压，会产生不同的结果，这已经在 2-2 节提过了：正向偏压有助于多数载流子的流动，反向偏压阻碍多数载流子的流动。

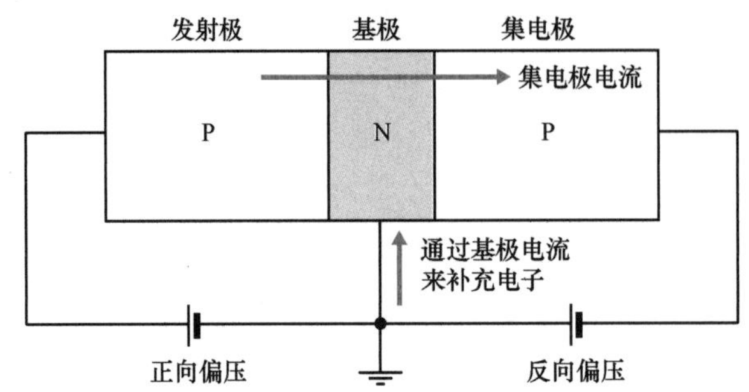

图 2-4-2　PNP 型双极型晶体管的工作原理

如何让整个晶体管进入 on（开启）的状态呢？这是本节的关键。通常来说，在发射极-基极之间接正向偏压，在集电极-基极之间接反向偏压。

此时，发射极（P 型区域）与基极（N 型区域）之间由于正向偏压而处于导通状态。来自发射极的多数载流子（空穴），顺着正向偏压，很容易地被送到基极区域，即基区。

基区一般长度非常短。来自发射区的空穴，大部分毫无阻碍地通过基极区域，来到集电区，从集电极流出晶体管。可能有人会问，集电极和基极之间施加的是反向偏压，多数载流子应该被阻碍，为什么空穴还能从基极流到集电极呢？必须说明的是，这里讨论的主角——空穴，在基极（N 型区域）时，不是多数载流子，而是少数载流子，非但不会被阻碍，反而还被集电极的低电压（反向偏压，集电极电压低于基极电压）吸引而加速流向集电极。

综上所述，电流从发射极流入、从集电极流出，在整个晶体管中实现了流动，因此可以说，此时晶体管就是处于 on（开启）状态的。

实际情况中，有一部分空穴在基极区域会与此处的多数载流子（电子）发生**复合**[㊀]，无法到达集电极区域。如图 2-4-2 所示，基极区域中由于部分电子与空穴复合了，电子减少，基极通过电极从外部补充一些电子进来，由此形成了基极电流。由此可见，在这样的器件中空穴和电子两种载流子的流动都是必不可少的，这就是双极型晶体管得名的原因。

以上，我们已经尽量用最简单的语言解释了双极型晶体管的原理，请仔细理解。

㊀ 复合：作为载流子的电子和空穴重新结合在一起，载流子消失，电荷也消失了。

关于开关功能，在 3-2 节还会继续解释。

2-5 MOS 晶体管的基本原理

这里概述 MOS 晶体管的基本原理。同样也会围绕开关功能来描述。

2-5-1 什么是 MOS 晶体管

在介绍 MOS 晶体管的结构之前，先来解释一下 MOS 这个词的意思。MOS 在英文中是 Metal Oxide Silicon 的缩写，参考图 1-6-1，栅的金属电极是 Metal，栅的下方是一层硅热氧化形成的二氧化硅薄膜，对应 Oxide（氧化物），这层氧化物下方才是载流子的通道，是在硅材料上产生的，也就是 Silicon。将三个单词的首字母连在一起就有了 MOS 这个名字，名字就蕴含了其构造的方式。

MOS 晶体管中，载流子要么是电子，要么是空穴，只能二选一，因此也可以把它叫作**单极型**晶体管。单极型的英文单词写作 Unipolar（“uni-”是单一的意思），用来与 Bi-polar 进行区分，不过一般并不使用这个名字。器件是在施加电压、建立电场之后发生作用的，所以叫作场效应晶体管（Field Effect Transistor，简称 FET）。关于 FET，后面还会进行解释。

所以 MOS 晶体管，全称应该叫作“金属氧化物半导体场效应晶体管”，写作 MOSFET，后面很多地方会使用 MOSFET 这个名字。

必须强调的是，这是一种用电压来控制开关的器件，不同于用电流来控制开关的双极型晶体管。图 2-5-1 中展示的就是这个概念。

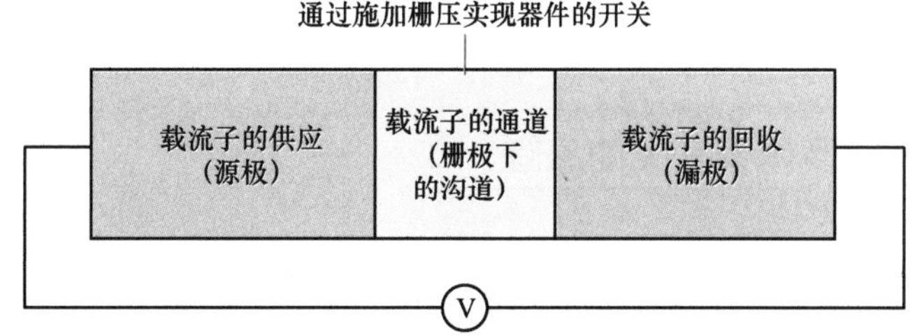

图 2-5-1 电压控制型开关的示意图

2-5-2 MOS 晶体管中各部分的作用

下面来看看实际的 MOS 晶体管的工作原理。常常有人把 MOS 晶体管比作水闸。可能有些读者也在相关的书籍中读到过了。其实 MOS 晶体管中各部分都可以和水闸的例子进行类比。

图 2-5-2 中，MOS 晶体管的源极（Source）、漏极（Drain）和栅极（Gate）三个极，可以分别理解为蓄水池、排水口和闸门。当 MOS 晶体管处于 on 状态的时候，就是通过控制栅极的电压，打开沟道，使源极的载流子送到漏极。这就类似打开水闸，使蓄水池的水通过闸门流到排水口。当然，结合实际生产情况，水必须先流过并灌满水田，才会到达排水口。

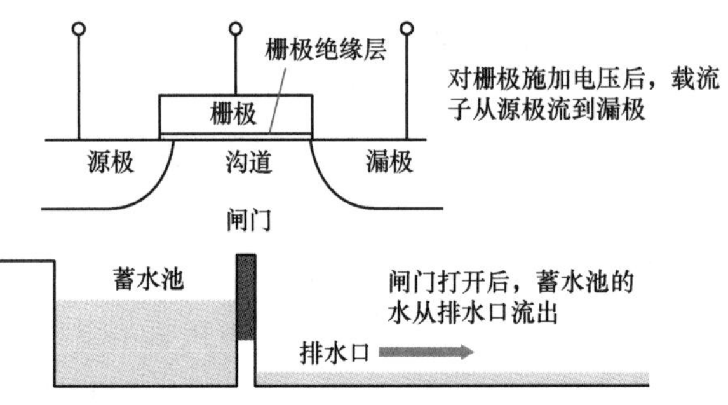

图 2-5-2　MOS 晶体管的示意图

在这种情况下，水的量就好比电的量。在高速型 MOSFET 中，要求能够快速开关，就好像小型水田中，闸门都比较小，而且是用轻巧的材料制造的。而在功率型 MOSFET 中，要求的是大电流，也就要求水流的渠道很宽，闸门也要更大更厚重。这样的类比虽说不是特别完美和贴切，但在第 7 章说明功率半导体特有的制造工艺的时候，也能解释一些问题，所以还是请读者记住。

2-5-3 MOS 晶体管开关的原理

在 MOS 晶体管中，依靠电压来控制开关状态，关键是中间的栅极。

施加在金属栅极上的电压，通过绝缘薄膜（薄膜电容），引起下层半导体中电荷分布的变化。半导体中的电荷分布改变，就在栅极下方形成了一个**沟道**（Channel，英文中也有海峡的意思）来作为载流子的通道，也叫作**反型层**。这时就相当于水闸打开，留出缝隙允许水流通过。当把栅极电压取消，反型层就会消失，闸口关闭。利用这个原理，就可以通过控制栅极的电压（简称“栅压”）来控制 MOS 晶体管的开关状态了。

图 2-5-3 说明了上述原理。

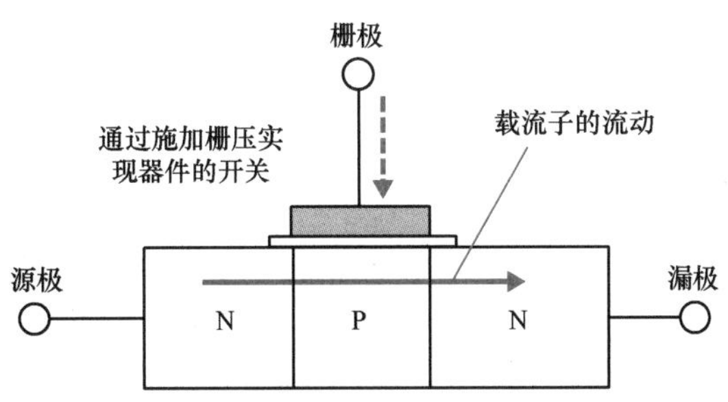

图 2-5-3 MOS 晶体管开关的工作原理

这个例子其实是一个 N 沟道的晶体管，可以称为 N 沟道 MOS 晶体管，简称 NMOS。所谓 N 沟道，是由 N 型的源极和漏极，夹住 P 型区域（沟道所在的区域）而构成的。与之相反的就是 P 沟道 MOS 型晶体管，简称 PMOS。2-9 节中，会介绍 CMOS，就是将这两种 MOS 器件巧妙地结合在一起进行应用。

2-6 功率半导体的历史回顾

到这里为止，读者对功率半导体应该也有一定的了解了。作为小插曲，我们来回顾一下功率半导体的发展历史吧。

2-6-1 功率半导体的起源

晶体管是威廉·肖克莱于 1947 年发明的。第一个晶体管是使用锗单晶制作而成的点接触型晶体管。限于篇幅，更多内容此处不便展开。之前也说过，后来随着硅替代了锗成为半导体器件的主要材料，半导体产业的发展得到了迅速提升。半导体这种电子器件被应用于电力控制，因此在 1973 年左右，有了 Power Electronics（电力电子器件，或功率电子器件）这种说法。Electronics 是指能控制电子的器件。在笔者的学生时代，把传信号电称为弱电；与之相对，把动力电（能量）称为强电。

很久之前，人们是用半导体、晶体管这样的称呼来统称所有的半导体器件的。笔者进入这个行业时所学习的入门书籍中，也是这样的说法。但记得很清楚的是，功率型 MOSFET 的说法，是从 1960 年开始使用的。笔者推测，自从 1971 年英特尔公司的 1kbit DRAM 上市后，开始出现 LSI 这个词，半导体器件才开始出现各种各样的类别细分，直到变成现在这个样子。

顺便一提，LSI 是大规模集成电路的意思，是英文 Large Scaled Integration Circuit 的缩写。在此之前都是用的 IC（Integrated Circuit 的缩写），也是集成电路的意思。现在的人不怎么用 IC 这个说法了，但在 20 世纪 80 年代前期还是用得很多的。所谓集成电路，就是把晶体管、二极管之类的有源元件，还有电阻、电容之类的无源元件，集成在同一个载体上而形成的。

之后，功率半导体随着开发和改良，不断进步，出现了很多器件类型，比如 2-8 节将要提到的 IGBT。半导体整个发展历史都在图 2-6-1 中做了总结。其中出现的一些专业词语，这里不再解释了，后续章节会陆续讨论，读者读到后面也可以时常回顾这张图。

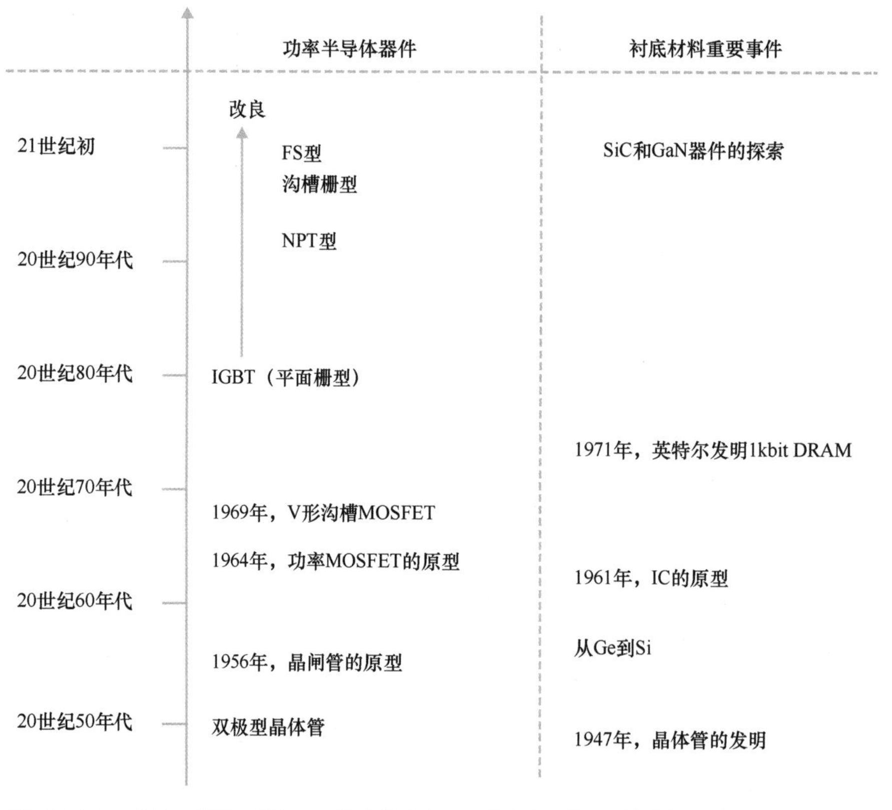

图 2-6-1　半导体整个发展历史

2-6-2　功率半导体的功能

如前面的章节所说，功率半导体的主要功能是电力转换。在号称能源社会的 21 世纪，功率半导体就显得越发重要。前面也提到过，电信号分为直流（DC：Direct Current）和交流[㊀]（AC：Alternating Current）两种类型。一般用于电力传输的信号是交流信号，因为这样传输效率比较高。如果采用直流输电，由于电阻很大，会有很大的电力损耗（Loss）。交流转直流、直流转交流的装置是必不可少的，其中都少不了功率半导体的应用。

2-6-3 从水银整流器到硅控整流器

把交流信号转为直流信号，这个过程叫作整流。在功率半导体登场以前，担任整流任务的都是水银整流器。但是水银整流器是依靠真空中水银的放电现象来工作的，受到诸多制约，可靠性也很有问题。后来解决这个难题的是晶闸管/可控硅（Thyristor）。1956 年 **GE**[㊁]公司发明并推出了 SCR（Silicon-Controlled Rectifier，硅控整流器），1963 年正式命名为 Thyristor。其工作原理将在 3-3 节介绍。

之后，硅单晶的纯度越来越高，耐压性、电流强度等性能也在不断改善，于是功率半导体逐渐在半导体产业中占有一席之地。随着用途变得更为广泛，要求功率半导体能够承受更高的电压，这对硅单晶的品质提出越来越高的要求，而大电流化也要求更大尺寸的硅晶圆。关于硅单晶和晶圆制造的知识，都将在第 6 章介绍。这些问题解决之后，功率半导体广泛应用的时代就开始了。如今，功率半导体也还在不断谋求性能的提升，第 3 章和第 9 章将详细介绍。

水银整流器是在 20 世纪 60 年代后期才退出市场的，最后还在使用它的是电力机车。

2-6-4 硅材料以及其他新型材料

功率半导体的基础材料，现在依然是以硅材料为主流。但是作为未来发展趋势，有人正在尝试脱离硅，甚至有人提出了 Beyond Silicon（超越硅）的目标。碳化硅和氮化镓的性能都远远强于硅，它们的时代正在到来。另一方面，在先进大规模集成电路（LSI）的领域里，人们也早就提出了脱离摩尔定律的口号。无论是功率半导体还是 LSI，业界的呼声都预示着以往的范式必须被颠覆。功率半导体的前途，极大地依赖于材料的创新，而根本性的创新一定要从半导体产业的最上游入手（如图 1-1-2 所示），才能清楚地找到自己的发展道路。关于新型材料的内容，将在第 10 章详细介绍。

㊀ 交流：现在的交流发电机还是采用 19 世纪尼古拉 · 特斯拉发明的结构。

㊁ GE：General Electric Company 的简称，即通用电气公司，1876 年，托马斯 · 阿尔瓦 · 爱迪生在美国创立的综合性电气制造企业。爱迪生电灯公司（EEC）是 GE 的前身之一。

2-7 功率型 MOSFET 的登场

功率型 MOSFET 中的“功率型”表示属于功率半导体，与 LSI 中的 MOSFET 进行区分。FET 是 Field Effect Transistor 的缩写，意思是场效应晶体管。

2-7-1 更快的开关特性

功率半导体从 20 世纪 50 年代登场以来（参见图 2-6-1），随着双极型晶体管的广泛应用，一度进入了全盛期。但存在的问题也很多，其中之一是对器件的开关速度提出了更高的要求，而双极型晶体管在高速化方面的确是存在局限的。原因是像 2-4 节所说，由于双极型晶体管同时使用电子和空穴两种载流子，并以电流来控制开关，所以一般来说速度会比较慢。详细原因见第 3 章。

为了解决这一难题，**场效应晶体管**（FET：Field Effect Transistor），也就是如今的**功率型 MOSFET** 登场了。

2-7-2 MOSFET 概念的历史

其实场效应晶体管的雏形很早就出现了。早在 1930 年，德国莱比锡大学的 J · 利连费尔德提出了最早的模型，并申请了专利。在他之后，同样因发明晶体管而出名的，是威廉 · 肖克莱，他在 1947 年第一次尝试用锗晶体制作出点接触型场效应晶体管。1964 年祖里格和泰格奈尔分别提出了功率型 MOSFET 的概念，也就是如今的功率半导体。由此看来，场效应晶体管的确是历史悠久。

此外还有结型场效应晶体管（JFET，J=junction，结合的意思），与 MOSFET 一样属于 FET 的范畴。JFET 现在几乎已经不再使用，本书也就不再提及。

2-7-3 双极型晶体管和 MOSFET 的比较

双极型晶体管（Bipolar Transistor）和 MOSFET 的区别，请看图 2-7-1。图中说明了主要的区别，但是对细节做了省略。如 2-4 节所说，双极型晶体管中，有发射极、基极、集电极三个电极，对两个 PN 结施加不同的偏压，从而控制其中的载流子流动。电流的开关状态，是由基极电流来控制的，所以是一种用电流来控制开关状态的器件。

另一方面，如 2-5 节所说，MOSFET 有源极、漏极、栅极三个电极，图 2-7-1 中是 P 沟道 MOSFET 器件，对栅极施加电压后，源极和漏极两个 N 型区域之间的 P 型区域发生

反型（部分 P 型区域暂时反转为 N 型区域），形成允许电子流过的 N 沟道（Channel），只要源极和漏极之间存在偏压，就会有电流流过。

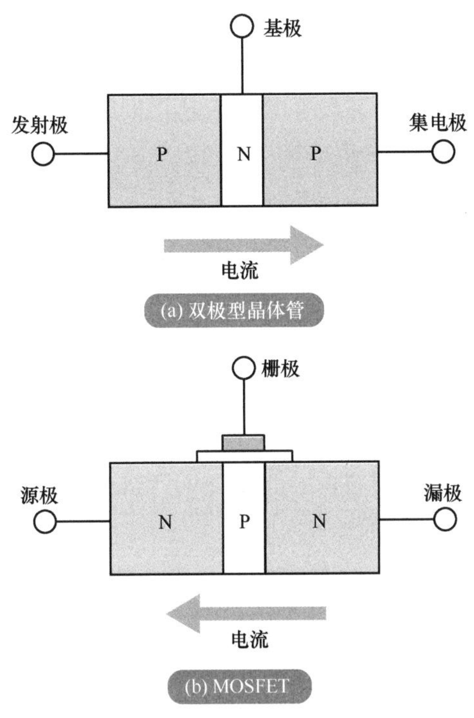

图 2-7-1　双极型晶体管和 MOSFET 的区别

所以对比起来，双极型晶体管是电流控制器件，MOSFET 是电压控制器件，这是两者在工作原理上的根本区别。双极型晶体管中有电流从基极流过，并控制着器件的开关状态。在 MOSFET 中，向栅极施加栅压并超过阈值电压时，器件导通，反之则器件截止，但无论如何，栅极上只会有电压，而不会有电流。因此控制 MOSFET 几乎不需要消耗电能，非常节能，这是很大的优点。

另外，图 2-7-1 中，双极型晶体管和 MOSFET 的 N 型区域和 P 型区域的配置方式也是不一样的。前者是 PNP 的组合方式，后者是两个 N 型区域，在中间的 P 型区域中形成 N 沟道。后续章节中还会继续讨论两种器件的区别。

专栏：　单面与双面

之前曾经介绍过，功率型 MOSFET 与普通 MOSFET 的区别在于它完整地利用了晶圆的厚度。直径300mm（或者说12英寸）的晶圆，厚度为775μm，还不到1mm。这让笔者不禁想起了黑胶唱片。

在笔者还是公司小职员的时候，半导体的研发经费是非常高的，在本公司的研究开发报告会上，总要拿出来作为“成果”展示一番，毕竟和其他部门比起来投入非常大，用现在的话说，烧了不少钱。具体是哪一次笔者已经忘了，大家聊着聊着，说到“半导体晶圆上只有一个面用来制造器件”这件事。当时公司的CEO就问道，为什么不把两面都利用起来呢？

他的音乐造诣是非常高的，堪称音乐家，甚至能在公司繁忙工作的间隙去指挥一场交响音乐会。想必他是觉得，晶圆为什么不能像黑胶唱片那样把两面都利用起来呢？

笔者当时只是去做报告的，并没有资格回答这么高深的问题。

但是如果当时允许笔者开口回答，应该会说“领导，CD光盘也是只用单面的呀。”

2-8 双极型晶体管与MOSFET的结合——IGBT的登场

这里我们简单回顾一下历史，看看IGBT是如何作为功率半导体领域的新星而登场的，以及它有什么特点。

2-8-1 IGBT登场之前

双极型晶体管、功率型MOSFET曾经是功率半导体的主打阵容。双极型晶体管比较能够耐高电压，但速度难以提高。而MOSFET具有一定的高速化的潜力，但是在器件构造还有耐压性上都存在困难。随着功率半导体应用范围的持续拓展，对耐压和高速开关的性能需求也日益紧迫。一定程度上，耐压和高速开关两种性能是互相矛盾的，也是个两难的命题。单纯地改进这两种器件的任何一种，都无法得到好的结果。但是IGBT的登场改变了这个情况。

2-8-2 IGBT的特征

IGBT是Insulated Gate Bipolar Transistor的简称，译为绝缘栅双极型晶体管。从名字上理解，是否就是一种带有绝缘栅的双极型晶体管呢？实际上，它与我们所了解的双极型晶体管和功率型MOSFET都不太一样。

简单来说，IGBT就是在PNP双极型晶体管上附加N沟道增强型MOSFET所形成的器件。可能有读者还不懂什么是N沟道增强型MOSFET，这个我们将在3-4节介绍。图2-8-1

展示了 IGBT 的结构示意图。图画得非常简略，目的只是为了让读者了解：IGBT 是“结合了双极型晶体管和功率型 MOSFET 双方优点”的一种器件。上方的 MOSFET 结构起到开关的作用，导通后允许电流纵向流动（沿着下方 PNP 型双极型晶体管的方向），并且电流值很大，符合功率器件的要求。这里所谓的纵向流动，其实是指电流在晶圆的厚度方向流动，就像功率型 MOSFET 那样。更多详细的介绍请见 3-5 节。从晶圆平面来看，开关是在水平方向起作用的，而电流是向晶圆垂直方向流动的。

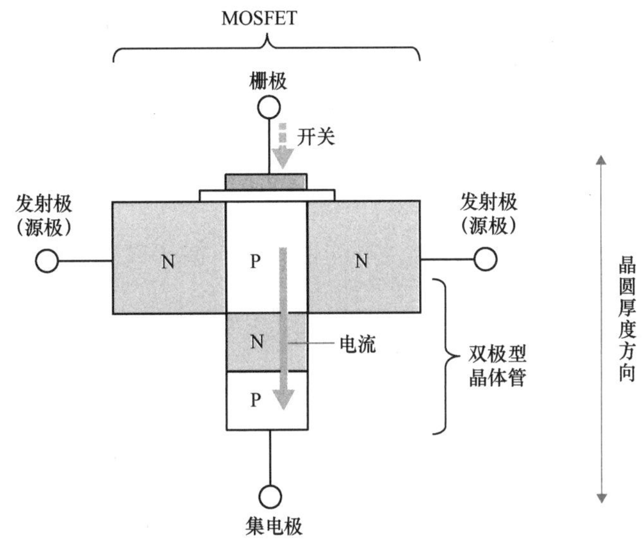

图 2-8-1　IGBT 的结构示意图

IGBT 的设计结合了双极型晶体管和功率型 MOSFET 双方的优点。其中，MOSFET 部分贡献了高速的开关性能，双极型部分贡献了大电流和耐压性能。与之类似，大规模集成电路（LSI）中也有集双极型晶体管和 CMOS 各自优点而成的 BiCMOS 器件，所以 IGBT 也可以理解成功率半导体版的 BiCMOS 吧。

如图 2-6-1 所示，IGBT 是 20 世纪 80 年代出现的，具有高速度、大功率的优点，因此一上市就大受欢迎。例如，用二极管、滤波电容等将交流信号整流成直流信号后，如果需要再变成交流信号，就需要逆变器，IGBT 由于其高速性，可以用来制造高速逆变器。第 4 章将会提到丰田的混合动力汽车（Hybrid Vehicle），还有新干线的 N700 系列车，都使用了 IGBT 器件。

本书将在 3-5 节介绍 IGBT 的基本原理，并在第 9 章介绍 IGBT 的发展历程和趋势。

2-9 信号转换

这里暂时不讨论功率半导体，而是简单介绍一下大规模集成电路（LSI）中是如何利用 MOSFET 进行信号转换的，希望能让读者对半导体知识有更广泛的了解。

2-9-1 什么是信号转换

我们曾经说过，功率半导体是实现电力转换的器件。与之相对的，数字电路作为目前 LSI 中的主要代表，就是实现信号转换的电路。

这里我们将介绍数字电路的基本门电路，以及反相器（Inverter）的概念。基本门电路，是用来实现数字信号转换的基本器件。Inverter 这个词，在功率半导体中我们也见到过了，当时说它是将直流电转换为交流电的逆变器。但在数字电路中，同样是 Inverter，实现的功能却是 0 和 1 的转换。

下面笔者就以自己的方式，对信号转换这个概念做一个介绍。

在数字电路中，使用二进制来计数。读者熟悉的十进制计数法中，是用 0、1、2、3……9 这十个数字来计数的。但在二进制计数法中，只有 0 和 1 两个数字，然后用 0、1、10、11、100……这样的方式来进行计数。

数字电路中，电压不再有具体数值，而是只有高（High）和低（Low）两个相对状态。二进制就是用 1 和 0 分别来表示“高”和“低”这两个状态，非常简单明了。两个状态会互相转换，在数字电路中，实现这种转换的器件就叫作反相器（Inverter），或是逻辑非门，简称非门。

请看图 2-9-1，这里展示的是一个反相器的基本功能（a）、电路符号（b），还附上了真值表（c）供读者参考。

in	out
0	1
1	0

(a) 基本功能

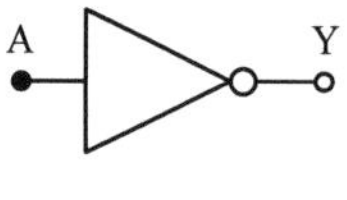

(b) 电路符号

A	Y
0	1
1	0

(c) 真值表

注）这里给出电路符号和真值表供参考。将输入（in）信号变成与之相反的输出（out）信号，这就是数字电路中的反相器。

图 2-9-1　反相器的基本功能、电路符号和真值表

了解这些之后，我们就要开始介绍 MOSFET 是如何构成这样的反相器的。

2-9-2 CMOS 反相器的基本原理

我们来看看典型的 **CMOS 反相器**的工作原理。

首先，所谓 CMOS 就是 Complementary MOS 的简称，意思是互补型 MOS。看图 2-9-2 的左图就可以知道，CMOS 是由一个 N 型 MOSFET 和一个 P 型 MOSFET（可参考图 2-5-3 及其下方的文字）构成，将它们的栅极对栅极、漏极对漏极连接在一起，就构成了 CMOS 器件。栅极是信号输入端，漏极是信号输出端。

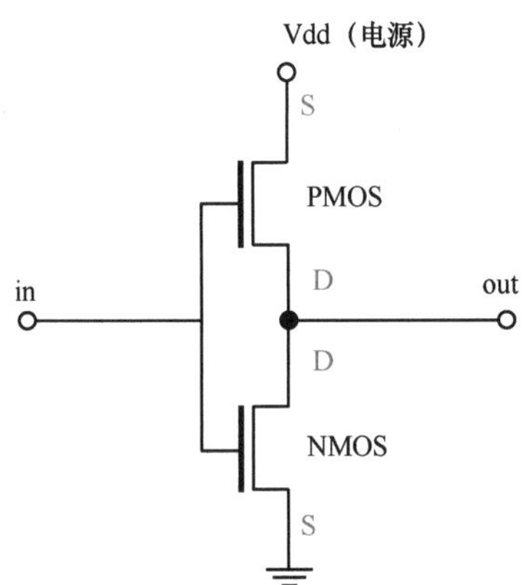

一对PMOS和NMOS构成一个CMOS，形成基本的门电路。

输入	PMOS	NMOS
0（Low）	on	off
1（High）	off	on

图 2-9-2　CMOS 反相器的结构

然后将 P 型 MOSFET 的源极与电源（Vdd）相连，将 N 型 MOSFET 的源极与地线（GND）相连。数字电路中，电源就相当于二进制的 1，地线就相当于二进制的 0。将 N 型 MOSFET（以后简称 NMOS）和 P 型 MOSFET（以后简称 PMOS）的栅极对栅极连接在一起作为整个器件的输入极（in），漏极对漏极连接在一起作为整个器件的输出极（out），就可以实现反相器的作用了：

当在输入极（in）输入 1（即高电压）时，只有 NMOS 导通，而 PMOS 是保持截止的（这里限于篇幅，具体原理不做解释）。相对应的，地线通过导通的 NMOS 与输出极（out）相连，于是就输出 0 的信号，与输入信号 1 正好相反。与之相反，当在输入极输入 0 时，只有 PMOS 导通，而 NMOS 截止。于是，电源（Vdd）通过 PMOS 与 out 相连，输出 1 的信号，也与输入信号相反。

简而言之，CMOS 的 out 信号总是与 in 信号相反，实现了信号的反向，这就是 CMOS 反相器的基本原理。限于篇幅只能这样简单地解释，感兴趣的读者可以参考其他书籍。

以上就是“Inverter”这个概念在功率半导体和大规模集成电路中的区别。本书后面的许多章节也将像这里一样，针对同一个概念或事物，把它在功率半导体和大规模集成电路（后文都简称集成电路或LSI）这两个不同领域中的相同点和不同点列举出来，从而更加认识功率半导体的特点。希望这样的思路能对大家有所帮助。

功率半导体和大规模集成电路在制造工艺上的区别，将在第7章讨论。

另外，本书中提到载流子的时候，在不同的例子中具体是指电子还是空穴，逐个说明的话过于烦琐，因此请恕笔者不再赘述。为方便读者记忆，只需记住：在NMOS中载流子就是电子，在PMOS中载流子就是空穴。

CHAPTER 3

第3章

各种功率半导体的原理和作用

本章会对各种功率半导体的基本原理和作用进行说明。双极型晶体管和晶闸管的原理不是很容易理解，笔者将会举一些容易理解的例子来帮助了解。

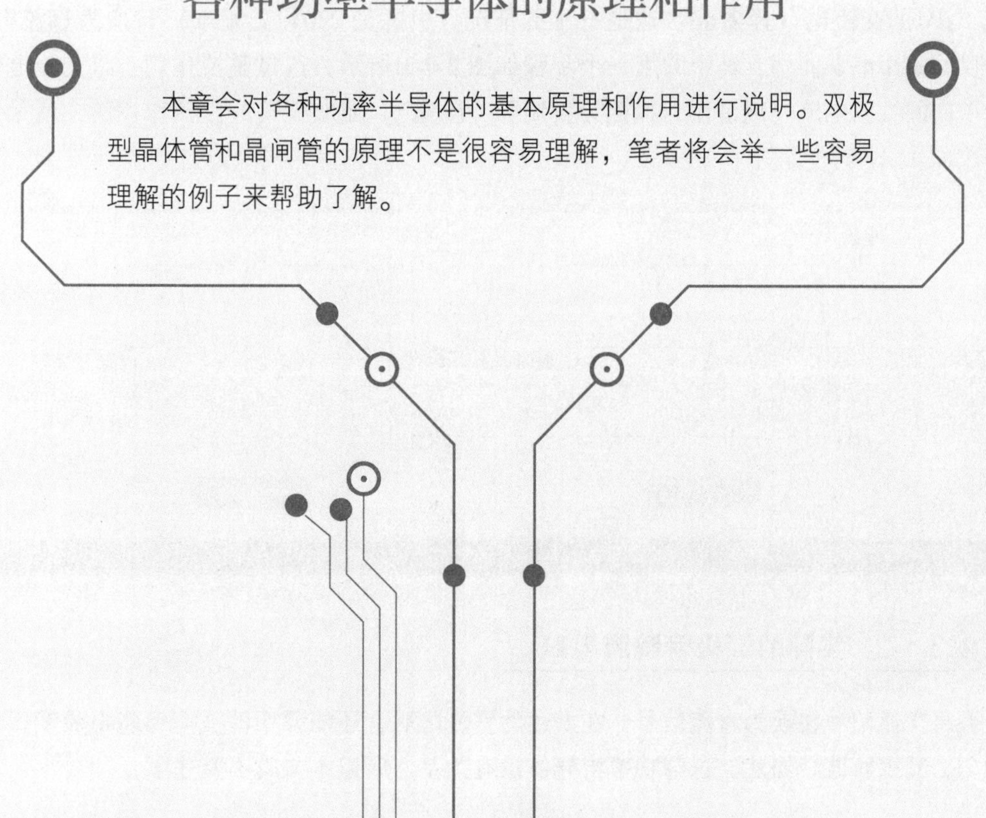

3-1 单向导通的二极管

首先来说一下二极管。大家所熟知的 LED，也就是发光二极管，可能是二极管家族中最有名的一种。但是二极管的作用当然远远不止于发光。功率半导体能实现整流作用，都是因为二极管的贡献。

3-1-1 二极管的整流作用

二极管（Diode）的原意是带有两个（di-）电极（-ode）的元件，是一个二端子（电极）器件。它最大的作用就是**整流**。我们已经在第 1 章中反复提过，功率半导体实现电力转换的方式之一，就是利用了整流器（Converter）。所谓整流作用，就是使电流只能向一个方向流动。

电流分为直流（DC：Direct Current）、交流（AC：Alternating Current）。第 1 章 1-2 节中说过，功率半导体是在交流电与直流电之间实现转换的重要器件。在日常生活中，一般是把 100V 的交流电（译者注：这是日本的情况。中国是 220V 交流电）转换为直流电，然后供给家用电器使用。其中的第一个步骤如图 3-1-1 所示，通过整流作用，将交流电转换为单向的纹波电流（或者也可以称为直流脉冲电流）。而实现这种整流作用的，就是二极管。

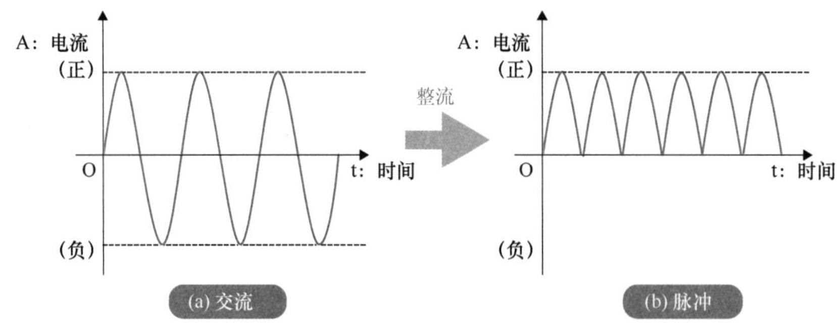

图 3-1-1 交流电的整流

3-1-2 实际的二极管整流电路

要将交流信号转换为直流信号，在上述的整流之后，还需要用滤波电容将电流变得更加均匀，减少纹波。当然，这与功率半导体没有关系，所以本文就不赘述了。

实际的二极管整流电路如图3-1-2所示。这里是对单相交流电进行整流，用到了4个整流二极管，构成了桥式整流电路。二极管的电路符号也在图中表示了出来。4个二极管的排列方式如左图所示，它们在工作时实际起到的作用可以等价于右图，相当于4个机械开关。当电流是正向电流时，流过的路径如图3-1-3（a）所示。反之，电流是反向电流时，流过的路径如图3-1-3（b）所示。

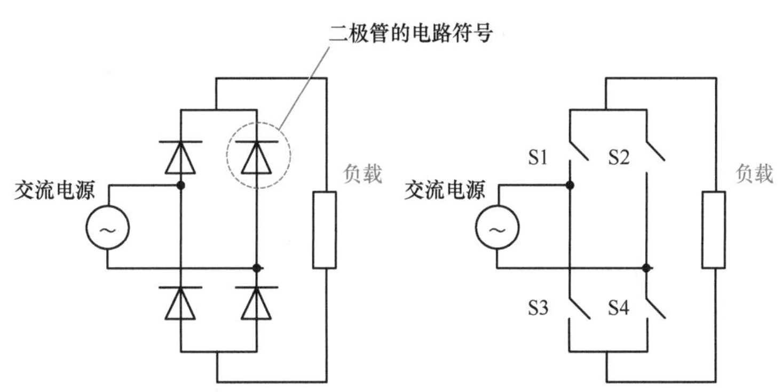

图3-1-2　二极管整流电路

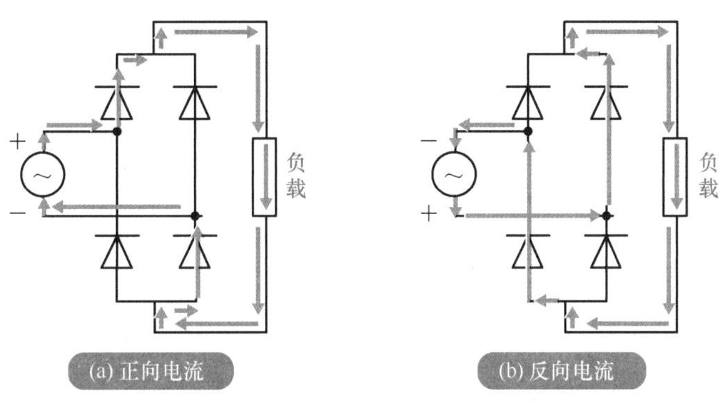

图3-1-3　通过二极管将交流电转换为直流电

二极管的电路符号中有一个三角形（△），表示二极管只允许电流朝这个方向流动。因此，交流电源按顺时针流出正向电流的时候，只能沿着图3-1-3（a）的路径流动。交流电源电流变为反向时，电流只能沿着图3-1-3（b）的路径流动。4个二极管中，相对位置的两个管子两两组合，分别通过正、反向电流。值得注意的是，无论电源流出的电流是正向还是反向，负载上的电流方向始终是不变的（图中是从上到下）。正是因为负载上电流方向不变的特性，才可以说这个电路起到了整流作用。

将4个二极管等价为图3-1-2中的4个机械开关来看，正向电流时，开关S1和S4闭合，而S2和S3断开；反向电流时情况相反，读者可以想象。如此也可以实现整流作用，将交流电转换为直流电。但是如果真的用这样的机械开关来控制电路，开关的通断需要人工操作，显然会非常困难。如果用二极管代替机械开关，由于二极管本身的单向导通特性，自动控制电流的流向，可以很轻易地实现高速的变换。

也有的书籍会提到二极管的反向截止特性，其实与我们所提的正向导通是一体两面的，结合在一起可以帮助读者更好地理解二极管的原理。

3-1-3 二极管整流作用的实现原理

要从物理层面解释整流是如何实现的，就离不开PN结。我们曾经在图2-2-3中看到过PN结施加偏压后的情况。图3-1-4中也把它们引用过来一起比较。

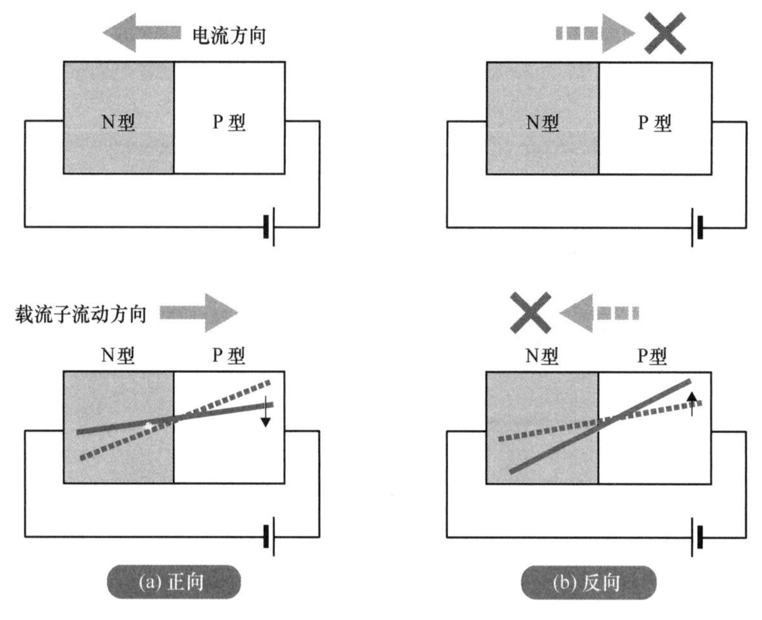

图3-1-4 二极管中电流的流动

说明固体硅的物理特性时，通常要画出它的**能带图**[㊀]（Energy Band）。本书面向初学

㊀ 能带图：在固体电子学中，画出晶体中电子的能量分布，会发现主要分布为价带、禁带和导带三个部分，大致如图2-1-2所示。

者，尽量避免使用这些过于专业的方式。所以这里把所谓的能带比喻成一个斜坡，帮助大家理解。读者可以这样想象：在 PN 结中存在着一个斜坡（可以看作载流子向某方向移动的难易程度），并且随着外加偏压的变化，斜坡的坡度也在变化。不加任何偏压，即偏压为 0V 时，斜坡的坡度以虚线表示。当外加偏压为正时，坡度会变平缓，使载流子更容易流动，于是电流增大，也就是二极管的正向导通。当外加偏压为负时，坡度会变得陡峭，使载流子难以流动，于是电流就会变小直至消失，也就是二极管的反向截止。结合图 3-1-4 的内容，希望这样能帮助读者理解整流的实现原理。

外加偏压为正时，电流方向是从 P 型半导体流向 N 型半导体，而电子的流动方向是反过来从 N 型流向 P 型的。电流方向其实是指正电荷的移动方向，而电子却是带负电荷，所以电子的移动方向一定是与电流的方向相反的。虽然话说得很绕，但很重要，请务必记住。

3-2 大电流双极型晶体管

双极型晶体管比二极管多一个极，主要是在大电流电路中作为开关使用。

3-2-1 什么是双极型晶体管

2-4 节我们已经认识了双极型晶体管，这里将更加详细地介绍它的基本原理和特性。在 2-4 节和 2-5 节中我们看到，MOS 晶体管是电压驱动器件，而双极型晶体管是电流驱动器件，有 NPN 型和 PNP 型两种类型，每种类型都含有两个相连的 PN 结。图 3-2-1 中再一次为我们画出了 PNP 型晶体管的结构模型和电路符号。

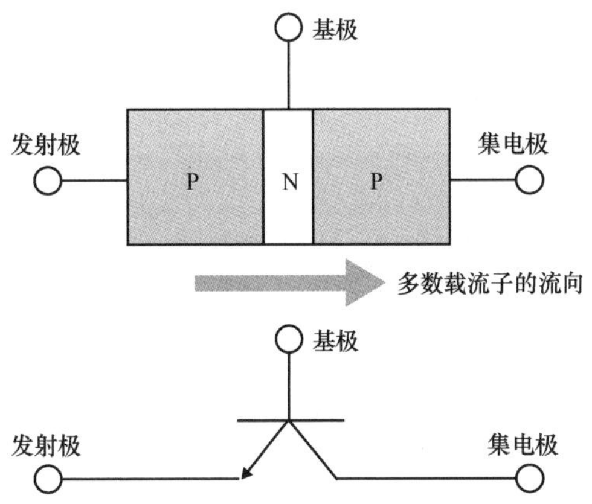

图 3-2-1　PNP 型晶体管的结构模型和电路符号

为何称为“双极型”晶体管？第2章已经告诉我们，因为其中有电子和空穴两种不同极性的载流子同时工作，所以叫作“双极型”。与之相对的，MOS型晶体管中只有多数载流子起到作用，因此也可以被称为“单极型”晶体管，但只是用来与“双极型”做对比，实际并没有人使用这种称呼。要理解器件中多数载流子（Majority Carrier）和少数载流子（Minority Carrier）的工作原理，双极型晶体管是一个很好的例子。

另外，双极型晶体管也可以称作多结器件，因为它里面含有两个PN结。这一点在5-3节还会提到。

3-2-2 高速开关电路的必要性

在3-1节中我们学到交流电整流变成直流电，现在来看看直流电如何变为交流电。这同样要用到功率半导体，也就是所谓的逆变器。逆变器把直流电转换为交流电，实际上可以想象成把直流电进行切割，变成一系列脉冲，就像图3-2-2所示的变化一样。要实现这种切割，就需要高速开关电路。图3-2-2（b）中为了表示方便，把所有脉冲的宽度画成了一样的，实际情况中，各个脉冲的宽度都是不一样的，感兴趣的读者可以了解一下“脉冲宽度调制（PWM）”。切割后得到的脉冲波形还需要输入给**LC振荡电路**㊀，使波形进一步被转换为接近正弦波。由于LC振荡电路的原理与功率半导体无关，所以这里不多赘述。

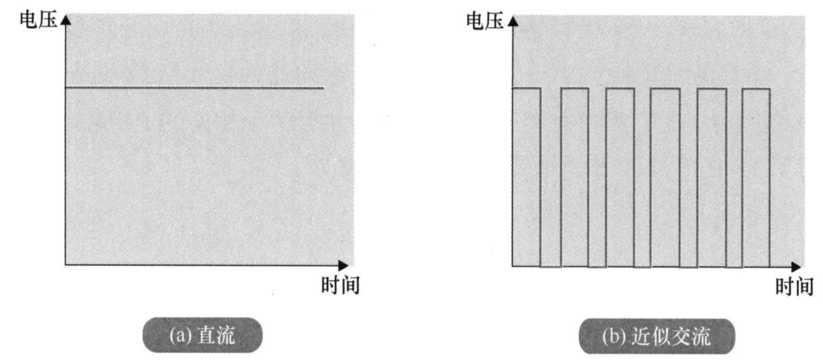

图3-2-2 持续的直流电转换为直流脉冲

逆变器中，需要用到不同类型的晶体管来实现上述的切割，也就是高速开关的作用。前一节说过，利用二极管的单向导电性，通过控制外加电压的方向来控制电流的通断，如此形成一种开关作用。这一节所讲的双极型晶体管，其开关的原理是与二极管不一样的。

㊀ LC振荡电路：L是电感，C是电容，它们可以一起形成振荡电路。在逆变器里，振荡电路的主要作用是把切割出来的脉冲波进行滤波，平滑成近似正弦波，也就是正弦交流电的样子。

本章从这一节开始直到 3-5 节的 IGBT 器件，会详细介绍每一种功率半导体都是如何实现开关作用的。

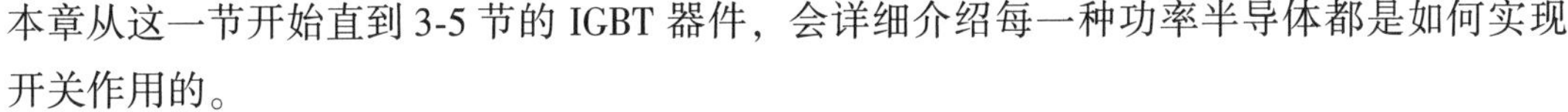

3-2-3 双极型晶体管的原理

这里将在 2-4 节基础上，稍微深入地来看双极型晶体管的原理。首先复习一下：双极型晶体管有基极、发射极、集电极三个电极，是一种三端器件；其中，发射极（Emitter）可以发出载流子；集电极（Collecter）用来收集发射极发出的载流子；基极（Base）在双极型晶体管电路中，可用来控制基极电流，使双极型晶体管实现开启或关断。

图 3-2-3 中画出了 PNP 型双极型晶体管的结构示意图。它其实是两个 PN 结“背靠背”连接在一起而形成的。从左到右三个区域依次是发射区、基区、集电区。其中集电区的掺杂浓度比发射极的低。

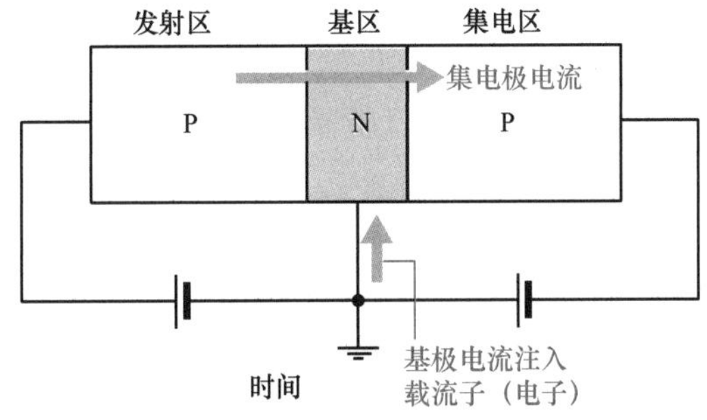

图 3-2-3 PNP 型双极型晶体管的结构示意图

但是仅仅有 PN 结，还不能算是一个器件，还需要引出电极、连成回路才行。为此，晶体管与外电路有三种不同的连接方式：共发射极、共基极、共集电极（共某极简单来说，就是让某极接地）。这里先讨论共基极（即基极接地[㊀]）的情况。接下来要解决的问题是这里的两个 PN 结要如何施加偏压。所谓偏压，就是说在电极之间，施加什么方向的电压。通常来说，要让双极型晶体管正常工作，发射极-基极之间接正向偏压，集电极-基极之间接反向偏压，如图 3-2-3 所示。

下一个关键问题是，如何让双极型晶体管起到开关作用呢？此时，由于发射极与基极之间施加了一定大小的正向偏压，来自发射极区域的多数载流子（本例的 PNP 晶体管中就是指空穴）被送到基极的区域，如果能继续通过长度很短的基极区域，那么载流子就从

㊀ 接地：与大地（GND）连接，通常认为电压为 0V。

发射区到了集电区。也就是图中所画的，形成了集电极电流，此时电路的开关状态为开（on）。

此时，基极和发射极之间的正向偏压必须大于一定的值（对于用硅制成的器件来说大约为0.7V）。但是如果这个正向偏压减小到0，甚至变成反向偏压，发射极的多数载流子就无法流向基极和集电极，整个器件就会变为关（off）的状态。

3-2-4 双极型晶体管的工作过程

下面的内容可能会更加有难度。笔者将从双极型晶体管的 *I-V*（电流-电压）特性曲线说起，并增加一些关于双极型晶体管工作原理的解释。图3-2-4中画出了双极型晶体管的 *I-V* 特性曲线，其中 y 轴表示电流，x 轴表示电压。图中的曲线表示了：当集电极C与发射极E之间的电压差 V_{CE} 发生变化时，所对应的集电极电流 I_C 的变化。基极电流 I_B 也是一项可变参数，影响着 V_{CE} 与 I_C 之间的变化关系。从图中可以看出，当基极电流 I_B 增大时，对应同样的 V_{CE}，集电极电流 I_C 也会增大。这样就可以通过控制基极电流 I_B 来控制集电极电流 I_C，这就是为什么双极型晶体管是电流控制器件的原因。

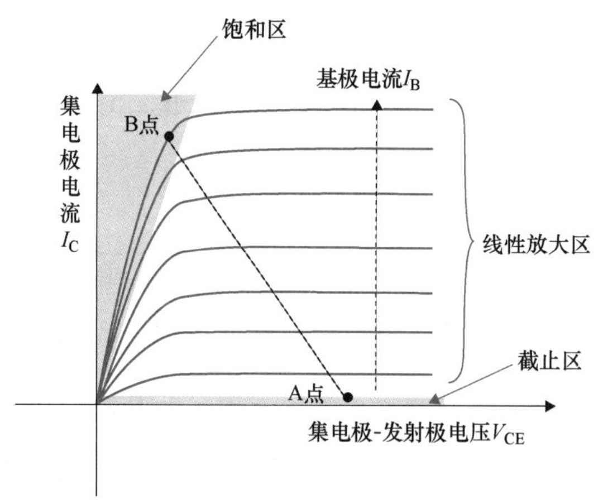

图3-2-4 双极型晶体管的I-V特性曲线

如果基极电流 I_B 为0，集电极电流 I_C 也会消失，这就对应了图中所示的**截止区**，双极型晶体管此时处于截止状态（off）。当基极电流 I_B 从0逐渐增大，集电极电流 I_C 也会随之出现，并且进入图中的**线性放大区**，双极型晶体管处于开启状态（on），电源电压和负载共同决定着集电极电流 I_C 的变化范围。如果基极电流 I_B 持续增大，达到一定程度后，I_C 的变化程度会越来越小，直至不变（达到了饱和）。这时双极型晶体管虽然还是处于开启状态，但其实已经进入了**饱和区**。

实际应用作为开关时，晶体管并不是工作在线性放大区，而是使基极电流 I_B 要么为 0，要么非常大，器件的状态在图中的 A 点（截止区）和 B 点（饱和区）之间快速变换，从而实现高速开关的功能。两种状态下，器件中流过的集电极电流大小相差非常大，我们说这个器件具有非常大的开关电流比[㊀] I_{on}/I_{off}。如此就可以实现大电流的开启和截止。

以上就是双极型晶体管实现高速开关的方法。这些内容对初学者来说的确难懂，但还是希望读者能尽量明白。另外，用于大功率电力转换的功率半导体双极型晶体管，和用于信号放大的普通双极型晶体管也是有不同之处的。

必须注意的是：图 3-2-4 所展示的其实是共发射极（发射极接地）连接方式下，双极型晶体管的 I-V 曲线；而图 3-2-3 所画的电路连接方式却是共基极（基极接地），这只是为了使电路图简单易懂。双极型晶体管不同的连接方式，原理略有不同，对此感兴趣的读者请参考其他专业书籍。实际上，在功率放大电路中，都是用共射极的方式进行连接的。

3-3 双向晶闸管

晶闸管器件中有 3 个 PN 结，比双极型晶体管还要多一个。主要是用作大功率电路的开关。

3-3-1 什么是晶闸管

相比于二极管或晶体管，听说过**晶闸管**（Thyristor）的人可能非常少。晶闸管的名字其实是从气体闸流管（Gas Thyratron[㊁]）而来。晶闸管是一种用于电力转换的双极型晶体管，是功率半导体所独有的器件。它的发展历史在 2-6 节的插图中曾经提到过。它与我们之前所学过的双极型晶体管（三极管）无论是在构造还是原理上都不一样，用一节的篇幅来讲晶闸管恐怕都是不够的。这里想请大家记住的只有一点：它可以改变电路的开关状态，但开关速度并不太高。

在 2-6 节中，我们把晶闸管写作 **SCR**（Silicon-Controlled Rectifier），译为硅控整流器，实际上常称为**可控硅**。它的电路符号画在图 3-3-1 中。其中（a）是晶闸管，（b）是以后

㊀ 开关电流比：开启状态时的电流大小，与截止状态时电流大小的比值。比值很大，常常要用 10 的多少次方来表示。对开关器件来说，比值越大越好。

㊁ Gas Thyratron：一种内部充满稀有气体（例如氩气）的密封玻璃管，内部还接有阴极、阳极和栅极，可以控制大电流的开关状态。

将要介绍的GTO晶闸管（可关断晶闸管，或门控可控硅）。

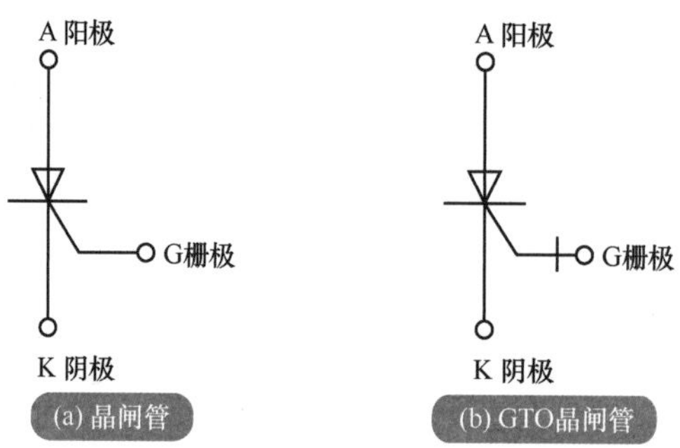

图 3-3-1 晶闸管的电路符号

3-3-2 晶闸管的原理

典型的晶闸管的结构示意图如图3-3-2所示，它是一种三端器件。它的结构可以看作：有一个NPN晶体管的基极和一个PNP晶体管的集电极相连，如此形成的PNPN结构的器件。从图中可以看到，在一个晶闸管中有3个PN结。当在阳极（A）与阴极（K）之间加工作电压（正向偏压），并且在栅极（G，也可称为门极）和阴极（K）之间也加正向偏压的时候，栅极（G）与阴极（K）之间正向导通，带动大电流从阳极（A）流向阴极（K），整个器件处于开启状态。当撤掉阳极（A）与阴极（K）之间的正向工作电压时，器件进入关断的状态。有趣的是，当器件处于开启状态时，即使撤掉栅极（G）与阴极（K）之间的正向偏压，器件还是能保持开的状态。这个特殊的性质，英语中称作Latch，中文翻译为闩锁。

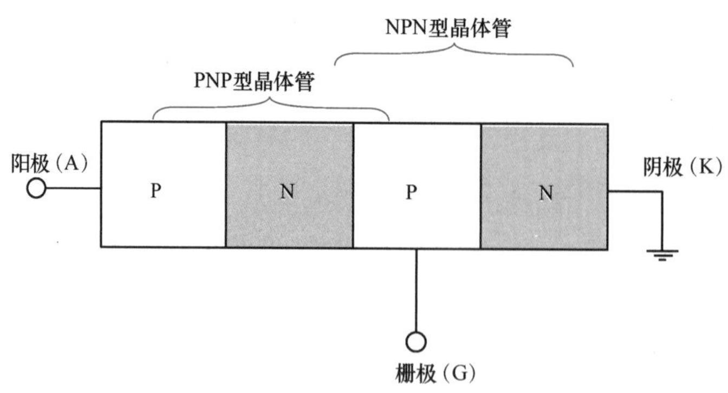

图 3-3-2 晶闸管的结构示意图

晶闸管的工作原理可以用图 3-3-3 所示的 I-V 特性曲线来描述。它可以在 on 和 off 两个状态间切换，形成开关功能。但是由于前面所说的闩锁现象，如果想让器件进入关断状态，只撤掉栅极电压是不够的，还必须撤去阳极（A）和阴极（K）之间的工作电压，或借助换流电路增加逆向电压才可以。

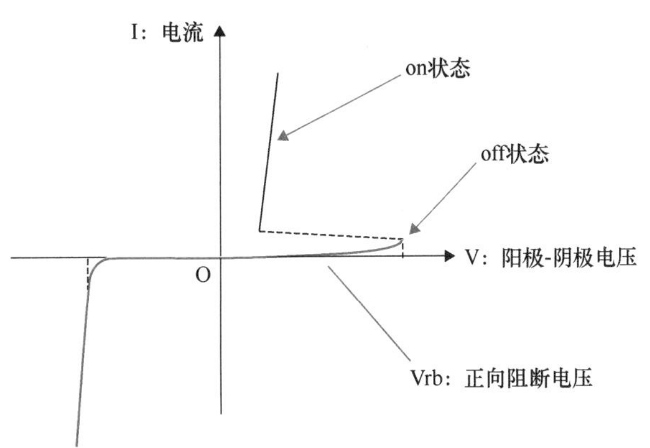

图 3-3-3　晶闸管的工作原理

3-3-3　GTO 晶闸管的登场

GTO 晶闸管，即 Gate Turn Off Thyristor 的简称。普通的晶闸管开启之后状态就稳定了，除非借助换流电路增加逆向电压才能进入关断状态。但 GTO 晶闸管在控制极（G）有特殊设计，可以改变关断状态。

3-3-4　晶闸管的应用

因为晶闸管拥有这样的开关特性，可以广泛应用于电力控制、电力变换等设备中。例如电力机车的电动机控制。但晶闸管的开关速度并不高，现在电力机车的电动机控制已经被 IGBT 取代。

另外，普通的晶闸管要通过外部的换流电路来帮助进行关断，所以也叫作“**他励式**”器件。后面将要介绍的 IGBT 器件，具有不需要外部换流电路的优点，所以叫作“**自励式**”器件。

3-4　具有高速开关特性的功率型 MOSFET

本节将说明 MOSFET 的工作原理，同时稍稍追溯一下功率型 MOSFET 的发展历史。实际上功率型MOSFET的原理基本上与集成电路中的MOS型晶体管类似，只是其中电压、电流的取值范围不同。

3-4-1 MOSFET的工作原理

双极型晶体管是**电流控制**器件，而MOSFET如2-5节所述，是要在栅极施加电压，使源极、漏极之间形成电流的沟道，如此来控制器件的开关动作，请看图3-4-1。由于是栅极**电压控制**，所以它的特点之一是输入阻抗[㊀]非常高。关于阻抗，后面会专门讨论导通电阻的问题。图3-4-1中箭头表示载流子的流动方向，由于此处是N沟道，载流子为电子，所以电流的流向实际与图中箭头方向相反。这里只是简单的示意图，至于更详细的情况，请参考图9-3-1。

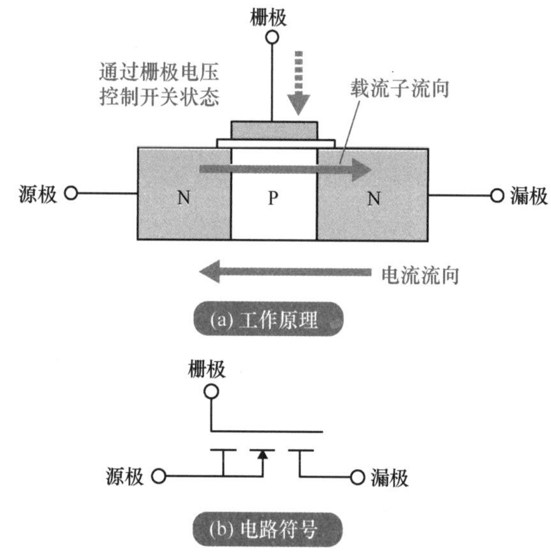

图3-4-1 MOSFET的工作原理和电路符号

对MOSFET比较熟悉的读者应该知道，功率半导体中所使用的一般是**N沟道增强型**MOSFET，原因是它允许通过更大的电流，获得更大的**开关电流比**。N沟道就是说载流子是电子。增强型也可以说成是常闭型，因为只有给它的栅极施加正电压时，才能在源极、漏极之间吸引电子形成N沟道，而平常不对栅极施加正电压时是没有沟道的，这就是**常闭型**的由来。这些知识可能一时不容易记住，但了解一些有助于理解后面的内容。打个容易理解的比方，水龙头的开关没有打开的时候，水是不能流出来的，这与栅极不加电压就不

㊀ 阻抗：元器件对电路中电流的阻碍作用。这里指的是对交流输入信号的阻抗。

能形成沟道是一个道理。实际上栅极不施加电压的时候，还是会有一些电流流过，这称为漏电流，从节能的角度来说是应当避免的。同样的道理，水龙头如果漏水，水表的数字也会向上跳。常闭型这个说法，在第 10 章介绍氮化镓材料的时候还会讲到。

在了解了这些原理的基础上，我们看图 3-4-1，这是典型的 MOSFET 晶体管的示意图。对于功率型 MOSFET 来说，由于需要流过大电流、耐高电压，所以一般采用图 3-4-2 那样的垂直型构造。图中这种构造其实叫作**垂直双扩散型 MOSFET**。英语中写作 Vertical Diffusion MOSFET，缩写为 **VDMOSFET**。这种垂直构造有利于通过大电流，与之前 1-6 节所示的平面型构造不同。

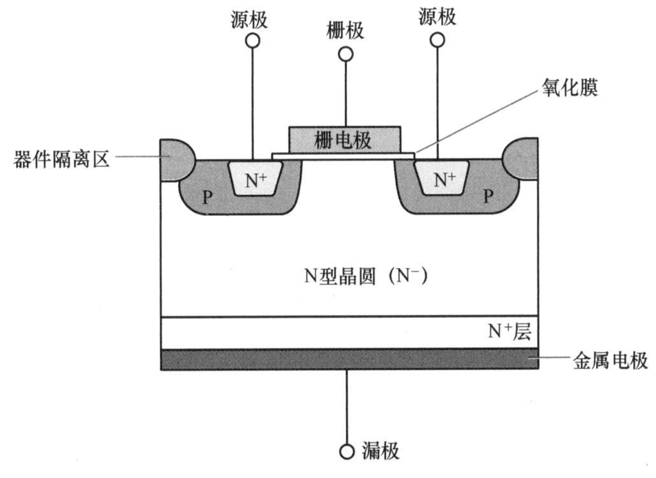

图 3-4-2　VDMOSFET 的结构示意图

3-4-2　功率型 MOSFET 的特征

MOSFET 的历史背景，以及 MOSFET 对于功率半导体的重要性，已经在第 2 章以及 3-2 节中稍稍介绍过了。之前说过的双极型晶体管是电流控制器件，载流子在基区的复合需要大约 3μs 的时间，这也就制约了器件截止的速率。器件不能及时截止，开关速率就难以提高。

而功率型 MOSFET 由于是电压控制器件，器件截止时不存在载流子复合的过程，器件的开关速率比前者大大加快。双极型晶体管由于采用了电导率调节[⊖]，饱和损失比功率型

⊖ 电导率调节：区域内载流子浓度越高，电阻率就越低，电导率也就越高。利用这一现象，就可以通过调节掺杂浓度而控制电导率。

MOSFET 更低。但在开关损失方面，双极型晶体管开关损失随着频率的增长明显比功率型 MOSFET 快得多。从图 3-4-3 的两类器件的损失比较示意图可见，高频率情况下，功率型 MOSFET 的开关损失是最小的。

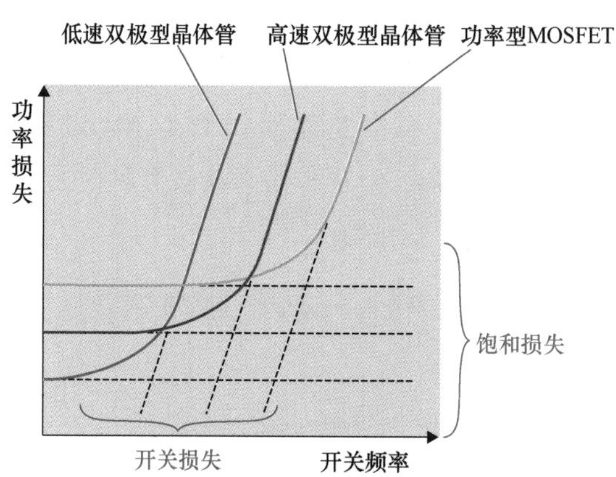

图 3-4-3 功率型 MOSFET 与双极型晶体管的损失比较示意图

MOSFET 器件最大的特点是高速开关性能，可以实现兆赫兹级（MHz）的高速开关，也就是说一秒钟可以实现百万次的开关。但 MOSFET 并不耐高电压和大电流，主要应用在千瓦级以下的小型家用电器中。不耐高电压的原因，主要是 N 型区域厚度减薄导致导通电阻下降。关于导通电阻的内容还会在 3-6 节详细讨论。

3-4-3 MOSFET 的各种构造

用于高速开关电路的 MOSFET 器件随着应用领域的拓展，器件的构造也在不断发展。限于篇幅，这里不可能全面介绍，只能举几个例子。例如为了提高耐压性，将沟道区域制作成 V 形沟槽，如图 3-4-4 所示。但是由于 V 形底部的尖端电场强度太大，后来人们将其改造成 U 形，以平缓电场强度。就是这样，功率型 MOSFET 的构造总是根据需要而变化着。

关于这两种构造的制造工艺，V 形沟槽是利用了氢氧化钾（KOH）溶液从硅晶体的特定方向进行蚀刻（各向异性蚀刻）而形成的，而 U 形沟槽则是利用了干法蚀刻[1]技术。详细内容请参考 7-2 节。半导体器件的结构以及制作工艺是相当复杂的学问。

[1] 干法蚀刻：利用等离子气体进行反应蚀刻的技术。与之相对的是利用化学药品进行的湿法蚀刻技术。

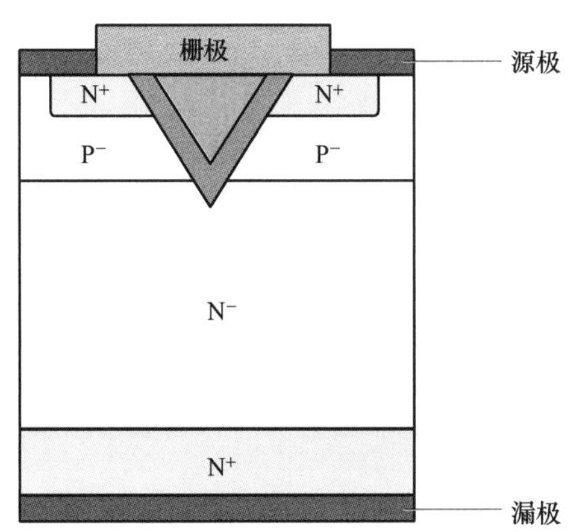

图 3-4-4 功率型 MOSFET 的一个例子：V 形沟槽

3-5 环保时代的 IGBT

第 2 章提到了 IGBT，也就是 Insulated Gate Bipolar Transistor 的缩写，意思是绝缘栅双极型晶体管。本节将从 IGBT 的基本原理开始讲起。

3-5-1 IGBT 出现的时代背景

简单介绍一下 **IGBT** 是如何出现的。我们已经详细地介绍过双极型晶体管、晶闸管、功率型 MOSFET 等功率半导体的知识。MOSFET 虽然能实现高速开关，但也有需要解决的问题：比如为了实现高速而不得不在构造上受到制约，从而降低了耐压性能。但是半导体市场对高压电力变换的需求也在日益增长，例如用在新干线上的异步电动机逆变器。为此，就希望研发出能承受相对高电压并且兼顾高速开关性能的功率半导体。在这样的背景下，IGBT 问世了。图 3-5-1 大致画出了各种类型功率半导体器件所适用的频率和功率范围。

图中横坐标代表信号频率，纵坐标代表功率的大小，由此划分出各种类型的功率半导体最适用的范围。IGBT 恰好覆盖了双极型晶体管和功率型 MOSFET 无法胜任的高频率、高功率领域。这里的频率可以理解为器件开关的速率，功率也基本可以体现出器件的耐压性能。

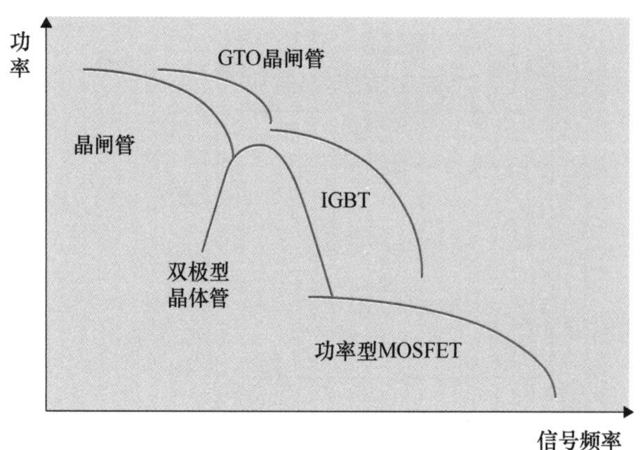

来源：综合各种资料

图 3-5-1　各种功率半导体器件所适用的频率和功率范围

3-5-2　IGBT 的工作原理

我们以典型的纵向 IGBT 结构为例来说明。图 3-5-2 是这种器件的结构示意图和电路符号。如果和图 3-4-2 所示的 VDMOSFET 结构相比较，就会发现，纵向 IGBT 结构就是在 VDMOSFET 的下方增加了一个双极型晶体管的结构，这样一看就很容易明白了。VDMOSFET 的 N 型硅晶圆向下是一个 $N^-N^+P^-$的三层结构。参照图 3-5-3，如果将上方包

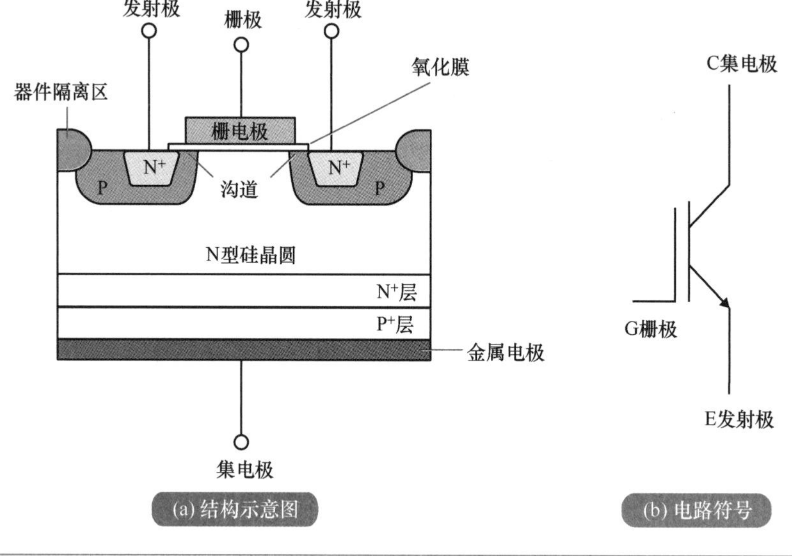

(a) 结构示意图　(b) 电路符号

图 3-5-2　纵向 IGBT 结构

围住发射极的 P 型区也算进去，并把 N^-N^+看作一个 N 层，那么整体就形成了一个纵向的 P^-N^-P 结构的双极型晶体管。

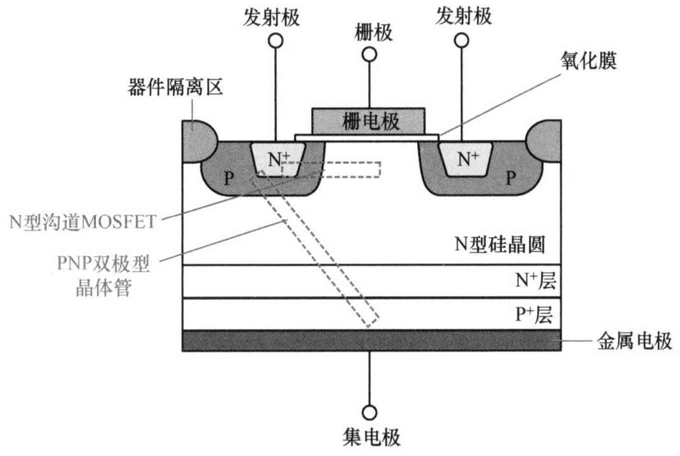

图 3-5-3 IGBT 的构造分析

对栅极施加正电压的时候，上部 MOSFET 结构的两个 P 型区域都产生 N 型沟道，在纵向的 PNP 中形成电流。但从上述纵向双极型晶体管的角度来看，这其实就是形成了发射极和基极之间的电流，双极型晶体管开启，整个 IGBT 开启。当栅极电压消除后，IGBT 也就进入截止状态。

IGBT 器件不需要晶闸管那样的调流器件来辅助截止，只需要利用 MOSFET 部分的栅极就可以实现开关，这是它的优点。

3-5-3 横向 IGBT 的例子

IGBT 的构造不光有纵向结构，也有横向结构。图 3-5-4 就是横向结构的例子。

首先，由于器件需要很好的耐压性能，栅极（图中彩色的粗线）是覆盖在很厚的绝缘层上的。然后电流的沟道所经过的 N^-型区域（N 上角是减号“-”，代表掺杂浓度较低；相反，正号“+”表示掺杂浓度很高）也需要高耐压性，所以发射极和集电极之间隔开了很长的距离，并且为了允许大电流通过，N^-型区域的深度很深。这张图只是简单的示意图，并没有按照真实的长宽比来画。实际上 N^-型区域的厚度可达数百微米，比通常的 MOSFET 器件大得多。告诉读者这个数据，也是希望让读者顺便了解半导体器件通常的尺寸。横向 IGBT 的开启，也是要对栅极增加电压，在 P 型区域形成反型层，产生 N 型沟道使电流流过。另外，横向 IGBT 中的双极型晶体管结构，是由发射极下方的 P 型区域、长长的 N⁻型区和集电极的 P/P⁺区共同形成的。

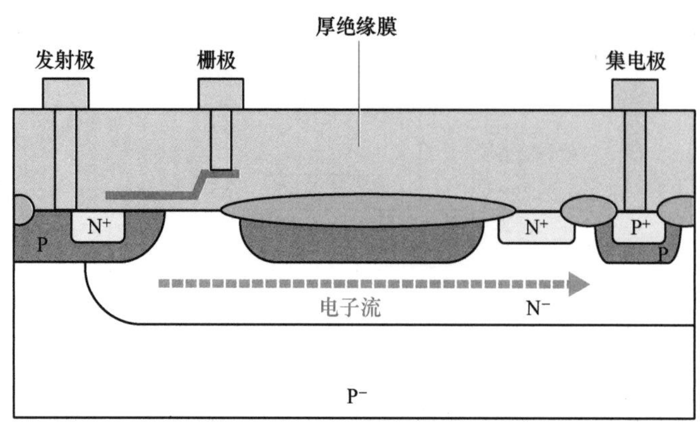

图 3-5-4　横向结构的例子

3-5-4　IGBT 的研究课题

如前所述，IGBT 在大电流器件中实现了高速开关性能，相当于双极型晶体管和 MOSFET 两种结构的组合，因此结构和制造工艺都非常复杂，制造成本很高。

9-3 节中将要提到，用外延生长工艺得到的穿通型（Punch Through）IGBT，目前仍然占据着 IGBT 市场一半的份额，但在它的外延生长工艺中，掺杂浓度控制是非常困难的。后来人们对 IGBT 的设计提出了各种新的思路。这些内容将在第 9 章更加深入地讨论。

3-6　功率半导体课题的探索

关于功率半导体的课题非常多，这里主要讨论一下导通电阻的问题，这是功率半导体所特有的。

3-6-1　什么是导通电阻

导通电阻是指晶体管在放大工作时的电阻，它会消耗电力。比如导通电阻高，就相当于让一头牛拉一车草去目的地。牛的饭量很大，路上就把草吃了大半。只有换用其他饭量小的动物，才能把更多的草运到目的地。对于晶体管来说，导通电阻越小，才越能减少电力的损耗，让负载得到越多的电力。

导通电阻的影响因素很多，这里无法详细解释。简单举例来说，可以看图 3-6-1，当对二极管的 PN 结施加正向偏压的时候，可以观察电流的大小。在同样的电压下，电流越小，这个二极管的导通电阻就越高。

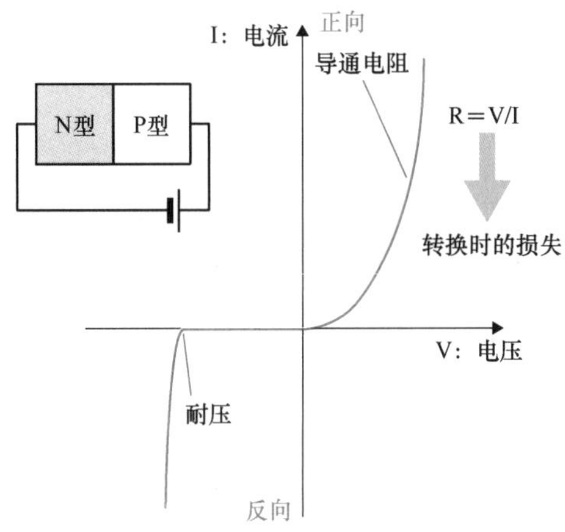

图 3-6-1 PN 结中导通电阻和耐压性的关系

以 MOSFET 器件为例，想要降低导通电阻，主要有这样两种对策。第一，可以用（100）面[㊀]硅片作为衬底材料。因为在硅晶体中，顺着（100）平面方向电子的迁移率最大，有利于降低导通电阻。第二，用外延生长法得到的硅晶也可以降低导通电阻。这种外延层的掺杂浓度和厚度，都会对导通电阻以及后面即将说到的耐压性起到关键作用。

降低导通电阻其实主要在于降低器件导通后沟道中的电阻。所以用短而宽的沟道就可以实现，例如 3-4 节中提到的 VDMOSFET 就是这样的设计思路。

3-6-2 什么是耐压性

耐压就是指器件在保证正常工作的前提下，最大能承受多大的外加电压。随着电力设备的应用场景不同，对器件的耐压性也有不同的要求，相关的标准可以参考图 3-6-2。

耐压性与导通电阻是无法兼得的。因为，要降低 PN 结对电流的阻抗，就要将半导体的材料厚度减薄。而材料减薄，意味着允许施加的反向电压也只能降低（太大会使 PN 结击穿），也就是耐压性下降。必须注意的是，这个耐压性指的是器件中的 PN 结对反向偏压的耐压性，就是 PN 结在承受反向偏压时，保持不被击穿的情况下，所能承受的最大电压，如图 3-6-1 中负半轴的耐压部分所示。

㊀ （100）面：在硅晶体上沿着<100>晶向切割出来的晶面。双极型晶体管通常使用沿着<111>晶向切割得到的晶面。

- 低耐压 ~300V
- 高耐压 300V以上

(a) 耐压性的区分标准1

- 低耐压 ~150V
- 中耐压 150~300V
- 高耐压 300V以上

(b) 耐压性的区分标准2

图 3-6-2 不同应用场景下耐压性的标准

3-6-3 硅器件的局限

这个问题会在第 6 章详细讨论，这里仅简单说明。硅材料限于本身的性质，很难在降低导通电阻的同时提高耐压性，因此人们早就开始寻找新的材料来满足需求。目前来看，最有希望取代硅的，就是碳化硅和氮化镓两种材料。它们本身的物理性质就决定了，其耐压性远远超越硅材料，而且电子的迁移率比硅材料高，所以导通电阻也就小。如今的功率半导体领域，也和集成电路领域一样，激烈的竞争已经延伸到了上游的材料开发，是整个半导体领域中普遍存在的现象。

硅材料功率半导体的研究已经不限于平面栅型半导体，而是正在向沟槽型转移。晶圆减薄、平面栅、沟槽栅、穿通结构（Punch Through）和非穿通结构（Non-Punch Through）、场截止（Field Stop）等，这些主流技术，都将在第 9 章介绍。

CHAPTER 4

第 4 章

功率半导体的用途与市场

本章将从能源、交通、办公到家用等各个领域，介绍功率半导体的用途。功率半导体正在我们身边那些重要却又不起眼的地方，默默地为人类服务。

4-1 功率半导体的市场规模

广义上来说，目前功率半导体在全世界的市场规模约为3万亿日元，已经与目前火热的闪存（Flash Memory）市场规模相当。

4-1-1 功率半导体的市场

据调查，2020年全世界半导体器件市场总值约合50万亿日元（受实际汇率影响）。其中功率半导体市场已超过2.8万亿日元，虽然还没能超过闪存的市场规模，但也已经不容小觑了。到2030年，预测市场可以接近5万亿日元。不论实际会达到多大的数字，总而言之，这是一个备受期待的领域。第11章我们会看到，随着碳减排等系列政策的不断推进，功率半导体的概念将会越来越多地出现在公众面前，值得每个人密切关注。第10章也将介绍，作为硅材料的替代物，氮化镓、碳化硅等宽禁带（Wide Gap）半导体[㊀]的应用，将大大提高产品的性能，今后的发展令人期待。目前这两种材料的成本还比较高，但今后如果降低成本，市场份额一定会极大地增长。

图4-1-1划分了主要半导体产品的市场份额，供读者参考。这些数据来自2020年，可以看到集成电路IC（LSI）的市场份额依然是压倒性的，功率半导体所在的分立器件类产品虽然只占总额的5.4%，但还是让我们期待今后的表现。

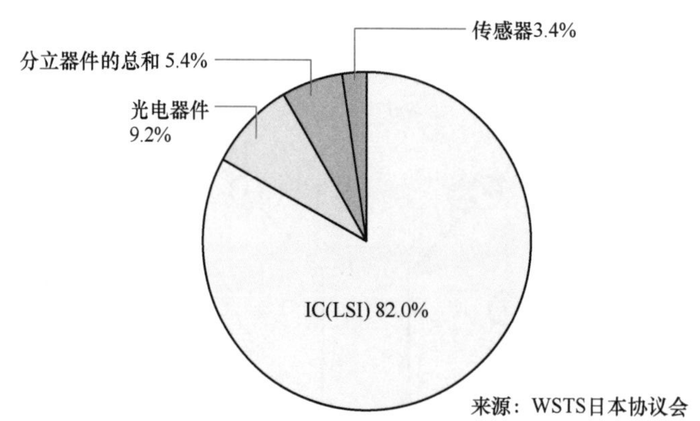

图 4-1-1 主要半导体产品的市场份额

㊀ 宽禁带半导体：禁带宽度大于硅材料（1.1~1.3eV）的半导体材料。参考10-1节。

4-1-2 功率半导体领域的参与企业

本书将所有参与到功率半导体领域的企业大致分为三类。第一类是拥有综合性电气部门的传统制造商。这一类在日本的代表有东芝、日立、三菱、瑞萨。其他国家和地区还有英飞凌（从西门子半导体部门独立而来）、安森美等。第二类是生产功率半导体的专门企业，产业规模相对较小，包括日本的富士电机、新电元、三垦（Sanken）电气，还有美国的威世（Vishay）。第三类就是一些经营功率半导体业务的新兴企业。日本的罗姆（ROHM）、京瓷（KYOCERA）等作为部件生产商加入了这个领域。图 4-1-2 对这些参与企业做了总结和分类。虽然不同的人有不同的看法，但笔者这样分类是为了与本书第 8 章的内容相关联。

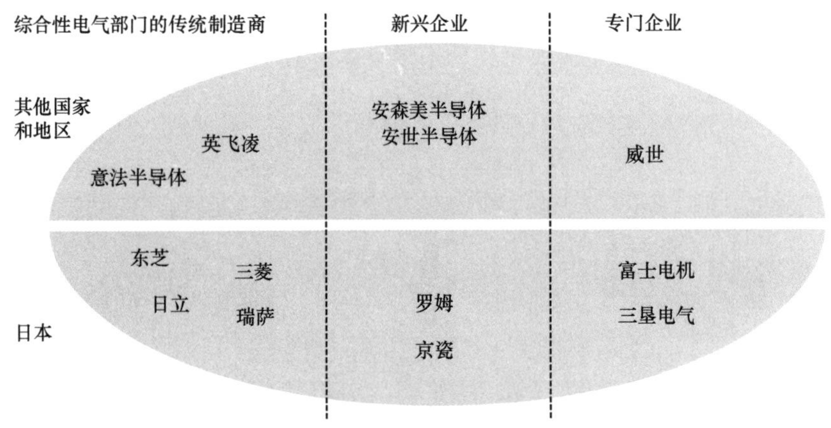

图 4-1-2 功率半导体领域的参与企业

4-1-3 功率半导体是日本企业的强项

虽然日本企业在存储器、先进数字电路方面陷入了苦战，但在功率半导体领域的实力却是不容忽视的，详细内容将在第 8 章介绍。功率半导体的发展，必须基于今后整个半导体领域的业务发展。将这一强项继续发扬光大，这是今后日本业界必须坚持的战略。

4-2 电力基础设施与功率半导体

在研究功率半导体的应用之前，让我们想一想，发电厂发出的电力，是如何被输送到我们身边的呢？这里带着读者首先了解一下。

4-2-1 电网与功率半导体

电网是输送电力的媒介，电力则来自水力、火力，以及核电等发电厂。输电的方式包括三相电和直流电两种（其各自的优缺点，本书限于篇幅不做介绍，请参考其他专业书籍）。

在日本，电力输送主要采用三相电的方式。直流输电相比于交流输电，具有消除电抗[㊀]、绝缘良好的优点，电压值是交流电的0.707倍。北海道—本州，四国—本州之间的输电就是采用这种方式。输电要经历交流→直流、直流→交流的变换，这时候就需要功率半导体发挥作用了。还有，富士川以东采用的是50Hz交流电，以西采用的是60Hz交流电，频率是不同的。为了让两边互相输电，就需要变频站，有些变频站设立在两地的边界上，但规模并不大。实现变频也需要用到功率半导体。上述的各种电力设施，都总结在了图4-2-1中。

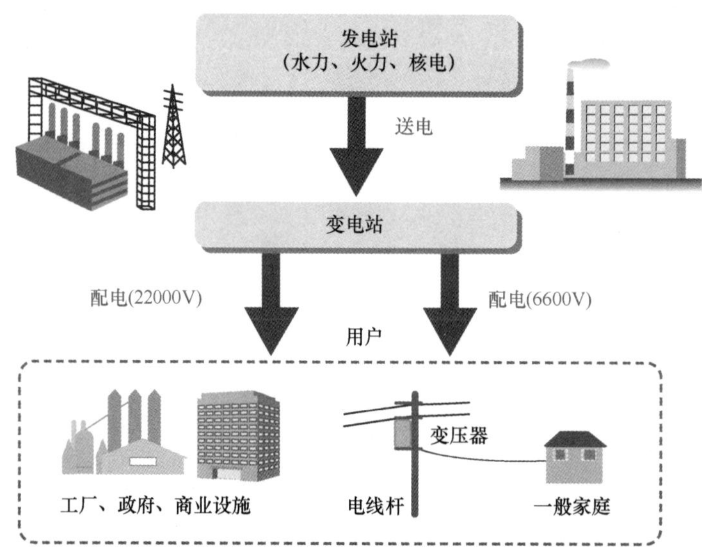

图4-2-1 电网输电与配电

发电站发出的电力都是27.5万~50万V的高压电，用高压输电线从发电站送到变电站。图中为了简洁，只是画出了一级变电所，实际上是需要经过多级变电所，最后通过终

㊀ 电抗：Reactance，交流电路中，电感、电容等器件对电流和电压的阻碍作用。

端变电所向用户配电的。图中输电的方向是单向的，现实中输电是在一个网络中进行，方向并不固定，根据各地电力的需求变化进行统一管理。这里我们把向用户供电的一级称为“**配电**”，以区分从发电站“**送电**”[㊀]到变电站的环节。最终向大楼配送的是 22000V 交流电，而对于一般居民用电，还需要经过变压器，将电力变为 100V 交流电。作为用电大户的工厂，有时会在附近配置专用的变电站，图中所示只是一般情况。

4-2-2 实际的电力用户

电力公司供电的电压和频率都是一定规格的，但是不同的用户（包括工厂、商业设施、办公楼、一般家庭等）的用电需求是不一样的。因此，就必须通过一到两台逆变器或转换器，来得到用户一方的电器（负载）所适用的电压和频率。

另外，有些家庭会使用太阳能电池或燃料电池，也必须与家庭用电规格匹配才能正常供电，这些将在第 11 章介绍。这里用到的转换器（整流器）、逆变器的核心也是功率半导体，关键指标是**转换效率**（见 9-1 节）。

4-2-3 功率半导体在工业设备上的应用

工业设备多数都要用到电动机，逆变器所产生的交流电的电压和频率都是可以调节的，因此最适用于感应电动机（Induction Motor）的速度控制。工厂里用到的泵、风扇、传送带等，凡是由感应电动机进行速度控制的地方，都必须用到功率半导体。具体原理请参考 4-3 节的说明。总之，工业设备所使用的感应电动机，都需要由功率半导体构成的逆变器来进行速度控制。

这样，功率半导体就在电力的供给侧和需求侧之间起到了电力变换的作用，也就是将供给侧的电力转换为需求侧所适用的电力。由于需求侧的应用多种多样，功率半导体所起到的作用也就各不相同。图 4-2-2 对这些关系做了总结。但是这张图中仅仅说明了传统供给侧与需求侧之间的关系。未来的智能电网（Smart Grid）中，功率半导体究竟会扮演怎样的角色？这将在第 11 章进行介绍。功率半导体的潜力将是非常巨大的。

㊀ 送电与配电：发电站发出的电都是 27.5 万 V 以上的超高压电，需要各级变电所依次变压，这个过程称为“送电”。到达城市的变电/配电所，变压成为 6600V 后进行配电。最后经过居民区电线杆上的变压器变成 100V，向居民供电。

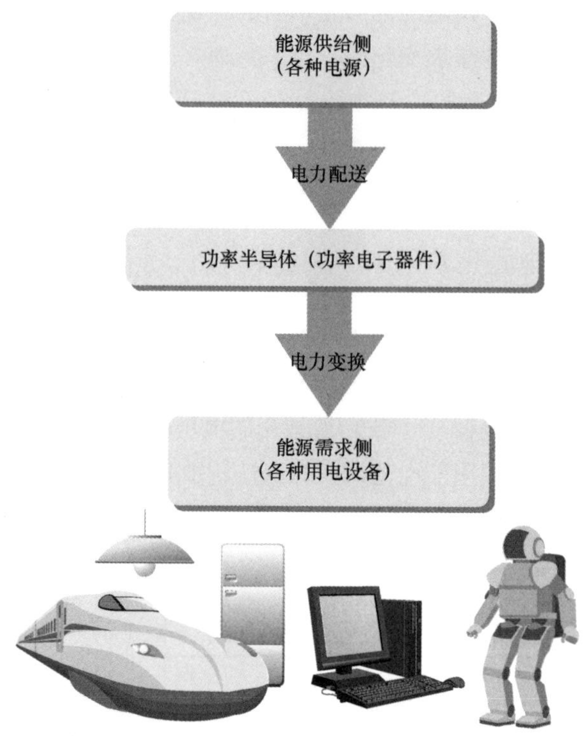

图 4-2-2 功率半导体在电网中的作用

4-3 交通工具与功率半导体

接下来的两节将讨论电力机车、汽车等交通工具与功率半导体之间的关系，这是清洁能源社会必不可少的组成部分。

4-3-1 电力机车与功率半导体

曾经退出人们视线的城市有轨电车，现在又以**轻轨**（Light Rail Transit）的形式重新出现，意味着轨道交通的再度复兴。有数据表明，如今二氧化碳总排放量中，有20%是来自交通运输，而且其中多数其实是来源于汽车的排放。基于这一点，以电力机车为代表的轨道交通由于其零排放、环保节能的优点，必将成为21世纪最理想的交通工具。

前面也介绍过，电力机车中所用到的整流器、逆变器中都必须使用功率半导体。电力机车的复兴，可以说是功率半导体的功劳。

这里稍微复习一下轨道交通相关的知识。在日本，最早的电力机车供电采用的是**直流电气化**，即直流供电。那些在第二次世界大战前就已经通电车的地区，如今依然有许多路线保留着直流电气化的方式。以新干线为代表的新型电力机车和线路基本上都实现了**交流电气化**[㊀]，即交流供电。直流电气化的缺点在于，它需要每隔数千米就设置变电所，这无疑增加了轨道建设成本。而实现交流电气化后，变电所的间距，可以是几十千米到110km，选择余地非常大，建设成本也大大降低了。那么电车上装载的电动机有什么变化吗？一直到前几年，大多数机车还是在使用直流电动机。直流电动机是一种把“定子”和“转子”组合在一起工作的装置，是非常有意义的发明。但缺点是维护工作比较复杂，损耗很大。最近交流电动机，又称为**感应电动机**（Induction Motor）开始被广泛使用，解决了直流电动机的困难。笔者在这方面并非专业人士，查阅各种资料后，了解到了这些内容。如果读者中有机械相关人士，或者亲手装配过电动机的，那么对以上问题一定不陌生。

在交流电气化的路线上使用直流电动机，就一定要对电力进行整流。2-6 节介绍过以前的水银整流器。而当**硅控整流器**发明以后，随着 1960 年**晶闸管**，以及 1970 年可关断的**GTO 晶闸管**的应用，电力设备就正式进入功率半导体的时代了。

4-3-2 实际的电力变换

在实际的电力机车中，电力变换是如何发生的？这个问题比较复杂，本书仅以新干线为例来加以说明。

新干线采用的是 25000V 交流电气化供电。车上电动机的种类，包括 100 系列机车的直流电动机（功率 230kW，重 800kg），还有 300 系列及后续系列机车所使用的交流电动机（功率 300kW，重 375kg）。可见交流电动机不仅重量更轻，输出功率也更大。前面说过，交流电气化中使用直流电动机需要整流器，其实交流电气化中使用交流电动机，也需要对电压和频率进行转换，如下文所述。对机车不感兴趣的读者，可能搞不清楚 100 系列、300 系列、N700 系列是什么意思，对此可以简单理解为它们出现的先后顺序。

4-3-3 N700 系列中的 IGBT

交流电气化中使用交流电动机的工作情况，请看图 4-3-1。交流电先经变电所降压，从架线送入车内并继续降压，然后用逆变器来控制交流电动机的转速，一台逆变器需要控制多台电动机。

㊀ 交流电气化：1954 年日本仙山线（仙台-山形）的“仙台-作并”区间，首次实现了交流电气化。

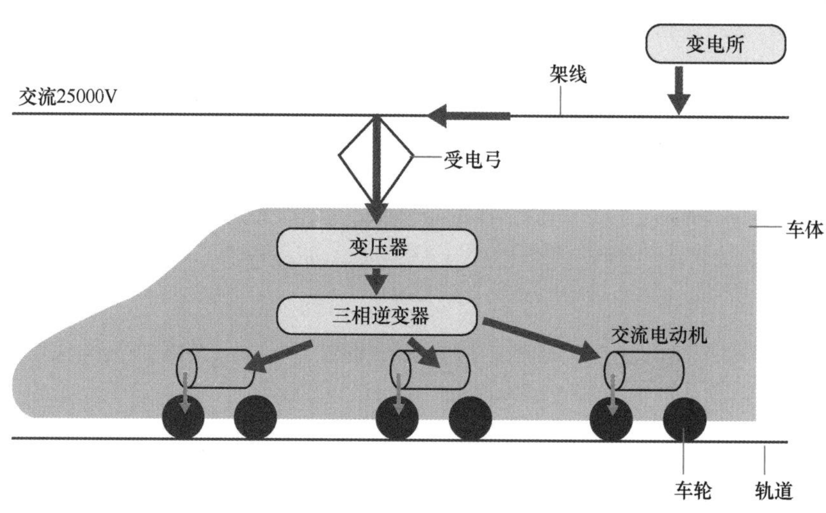

图 4-3-1 电力机车中的功率半导体

这种系统被称为 **VVVF**（Variable Voltage Variable Frequency），意思是变压变频，中文叫作变频调速系统。如图 4-3-2 所示，交流电的电压和频率由于逆变器的作用而发生了变化，从左图到右图，感应电动机的转速发生了改变，实现了机车的速度控制。从 20 世纪 90 年代中期开始，这种逆变器中开始使用频率更高的 IGBT 器件。东海道新干线的 300 系列机车还在使用 GTO 晶闸管，而从主流的 N700 系列开始就主要采用 IGBT 了。

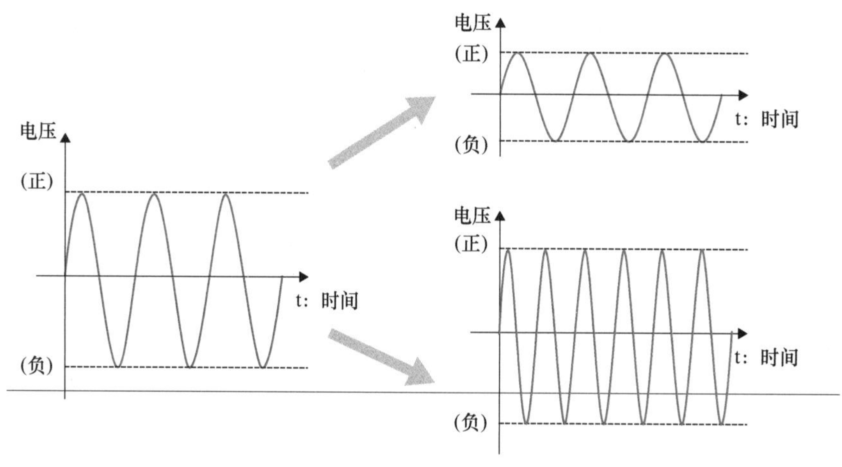

图 4-3-2 VVVF 系统工作原理

图 4-3-1 中画的只是示意图，实际上这些电力变换装置都是安装在机车底部的。顺带一提，这些装置有特殊的安装方式，允许车辆反向运行，笔者在机车生产工厂有幸看到过。

再补充一些额外的知识，可能有人已经知道了。电力机车在刚刚发车起步时，都会发出尖锐的鸣叫声，这种声音其实是 VVVF 中的逆变器进行高频开关所发出的声音。下次乘坐电力机车（轻轨、地铁、动车、高铁）时，可以留意听一下它们的起步音，每种车辆由于 VVVF 技术的差异，声音也不一样。即使不是新干线，在小田急这样的路线上也是如此，采用 GTO 晶闸管和采用 IGBT 的机车的起步音是明显不一样的，感兴趣的读者可以亲自前去确认一下。

限于篇幅，这里只介绍了电力机车用于速度控制的电力转换系统。实际上，列车内还需要很多其他方式的电力供应。比如空调系统、压缩机系统需要三相交流电，照明和供热系统需要单相交流电，还有一些地方需要电池（可参考 4-4 节）来提供直流电等。所以除了速度控制，列车内还有许许多多要用功率半导体进行电力转换的地方。

4-3-4 混合动力列车的登场

4-4 节将介绍混合动力汽车，那么这里先介绍一下混合动力列车的一些例子。比如 JR 东日本小海线上的“KIHA E200”混合动力柴联列车，据说是世界上第一款投入实际运营的混合动力列车。其中，“KIHA”表示它使用了柴油发动机，“E”表示 JR 东日本公司的“东”（East）。它的工作方式是由柴油发动机发电，再通过逆变器转换，控制感应电动机的运转。图 4-3-3 中所拍摄的，是五能线混合动力观光列车“Resort 白神”号，因为列车

图 4-3-3　混合动力观光列车“Resort 白神”号

经过世界自然遗产“白神山地”，出于保护环境的考虑，也更新成了混合动力列车。上面这些例子都来自非电气化区域。即使是在电气化区域，例如“仙石——东北”线上，也有直流、交流电气化的混合区间㊀。

4-4 汽车与功率半导体

这里我们介绍汽车与功率半导体的关系。汽车对电力变换的需求，是和电力机车不同的。

4-4-1 电动汽车的登场与功率半导体

前面一节提到过，现在二氧化碳的总排放量中，20%都是来自交通运输，而其中大部分又是由汽车所造成的。汽车中也有**混合动力汽车**（**HV**：Hybrid Vehicle）和**电动汽车**（**EV**：Electric Vehicle）的分别。图 4-4-1 就是一张混合动力汽车的照片。随着碳减排政策的推进，电动汽车迅速发展，与之配套的充电桩也在快速建设。

图 4-4-1 丰田开发的 HV 普锐斯（Prius）

现在的汽车控制系统都是电子系统，需要非常多的车载半导体产品来配合。这里主要从动力的角度，比较功率半导体和其他动力来源的区别。如前文所述，由于环境保护的需要，混合动力汽车（HV）已经推行了很长时间，最近纯电动汽车（EV）的发展也非常快，这就少不了功率半导体的应用。众所周知，混合动力汽车中既有传统的汽油发动机，也有电动机，两者并用。车辆起步依靠汽油发动机，平稳行驶时切换成电动机。人们提出了很多关于减少环境破坏以及关于汽车电池充电的提案。图 4-4-2 是混合动力汽车的动力系统示意图。

㊀ 混合区间：东北线本线是交流电气化，而仙石线是直流电气化。单一动力的列车无法在两个地区之间通行，所以必须采用混合动力列车。连接两条线路的中间段就是混合区间，属于非电气化区域。

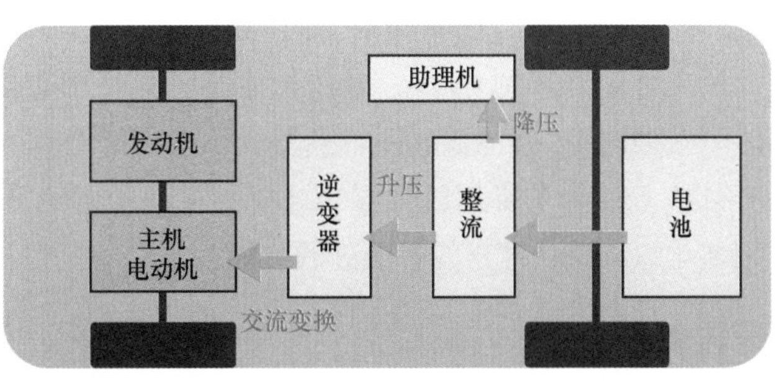

图 4-4-2 混合动力汽车的动力系统示意图

纯电动汽车（EV）与之不同，完全由电动机驱动，不使用汽油，这是它的优点。具体内容将在 11-4 节介绍。

4-4-2 功率半导体在汽车上的作用

传统汽车上的电子设备都是电池辅助供电的，到了 EV 和 HV 汽车，增加了需要高电压驱动的电机，而其余设备还是低电压，因此车上必须有升压、降压的装置来为不同的设备服务。在汽车术语中，负责行驶的部分被称为“主机”，其余部分叫作“辅机”。在 EV 和 HV 汽车里，负责行驶的是电动机，属于主机，需要高电压；其他例如电动车窗、动力转向装置都属于辅助系统，采用 12～14V 的低电压。将车载电池的电力进行升压或降压，这都是车载功率半导体的任务。图 4-4-3 所画的就是这种关系。

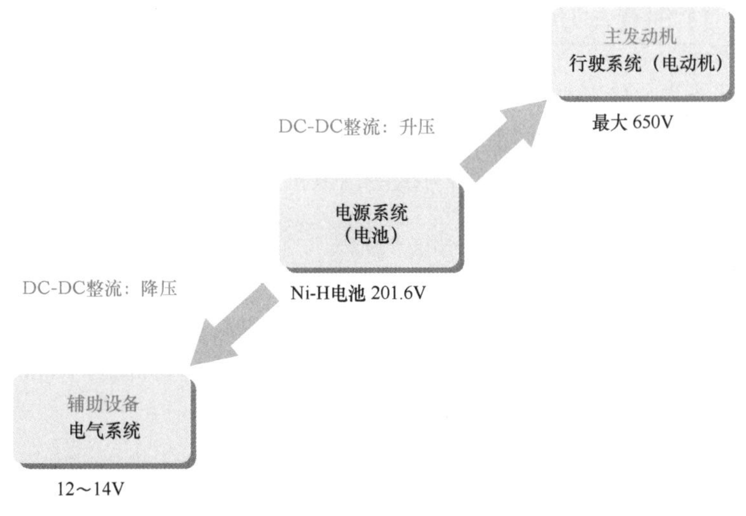

图 4-4-3 汽车中的升压、降压，以及功率半导体

结合图 4-4-2 来看下面的内容。现在市面上有一款丰田 Prius 混合动力车，采用 201.6V 的镍氢电池，最高可以升压到 650V，通过逆变器得到三相交流电来驱动电动机。在这里，功率半导体所起的作用，就包括升压转换器，还有用于直流-交流变换的逆变器。还有向辅助设备（12~14V）供电的降压转换器。这里的逆变器已经采用了纵向结构的硅基 IGBT，今后也有用氮化镓或碳化硅材料替换硅的可能。

4-4-3 升压与降压

可能有许多人不明白升压和降压是如何实现的。具体原理可以参照 10-4 节的电路结构，这里先稍做说明。先说说降压的原理，主要是使用了直流斩波电路，将持续的直流电压分割成一段一段的脉冲电压，每个脉冲有一定的持续时间，脉冲之间有时间间隔。缩短脉冲的持续时间，延长脉冲之间的时间间隔，在单位时间里的平均电压就随之降低了。升压也是利用斩波电路来完成的，原理这里就不多论述了。

以上是直流电压的升压和降压。对于交流电压，则主要采用变压器（Transformer）。

4-5 办公与功率半导体

虽然我们进入了 IT 时代，与数字信号打交道，但功率半导体依然是必不可少的。下面以办公室为例，看一看信息、通信、办公自动化（OA）与功率半导体的关系。

4-5-1 IT 时代与功率半导体

IT 时代与功率半导体有什么关系？有人会认为，负责大功率电力转换的功率半导体，与负责信息处理的 IT 技术之间，很难有联系。其实不妨考虑一下，在办公楼、政府、企业里，很多数据都是电子化管理的，也是需要网络进行传输的。在这些地方如果突然停电了该怎么办呢？再考虑医疗机构、银行、交通管理这些对实时信息依赖度更高的关键部门，就更加容易理解了。为了应对突发的停电，人们发明了 **UPS**（Uninterruptible Power Supply），即**不间断电源**，当商业用电突然停电时，可以持续为系统供电。一般的办公场合，人们会采用**恒压恒频**的供电方式 **CVCF**（Constant Voltage Consant Frequency），这里就有功率半导体的用武之地了。

想象一个办公室中有许多计算机并排在一起，大家都在计算机前忙碌。许多日常业务，都依赖着复印机、服务器等 OA 系统设备。如果它们突然停电，很多数据就会立刻消失，因此就急需 UPS 这样的设备立刻启动为其他设备提供能源。图 4-5-1 所示是 UPS 电源的一种应用方式，正常情况下，从商用电源而来的电能经过整流电路，从交流变为直流，然后一部分通过逆变器变回交流，向各种办公设备供电，另一部分就向 UPS 的电池供电。当然，许多办公设备，例如计算机，还是要把交流电转换为直流电来使用的。

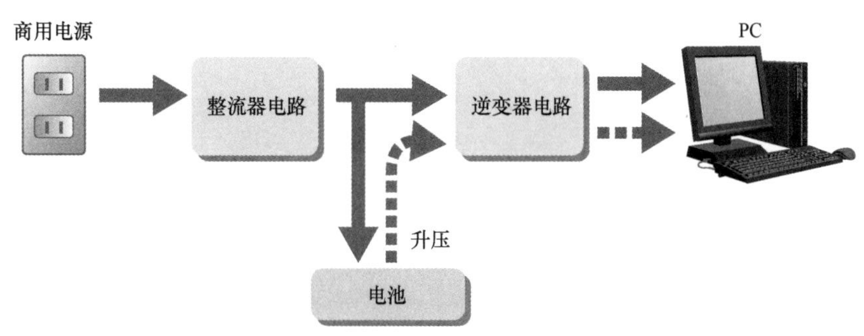

图 4-5-1　UPS 电源工作情况举例

而当商用电源突然停电时，按照图中的虚线所示，就立刻切换为从 UPS 电池向办公系统供电。此时 UPS 电池中流出的电会先经过转换器进行升压，然后经过逆变器变成交流，与之前的商用电源的情况一样了。

4-5-2　实际的一些细节

逆变器的工作原理和 4-4 节相同，也是进行升压、降压的操作。以前里面是采用晶闸管、GTO 晶闸管进行高频开关斩波，而现在也已经升级成了 IGBT 器件。UPS 电源由专业的企业制造，也形成了自己的市场。第 11 章会提到，为了将一些可再生能源变成电源，需要电力调节设备（Power Conditioner），这些设备的生产企业有些生产 UPS 电源。图 4-5-2 是

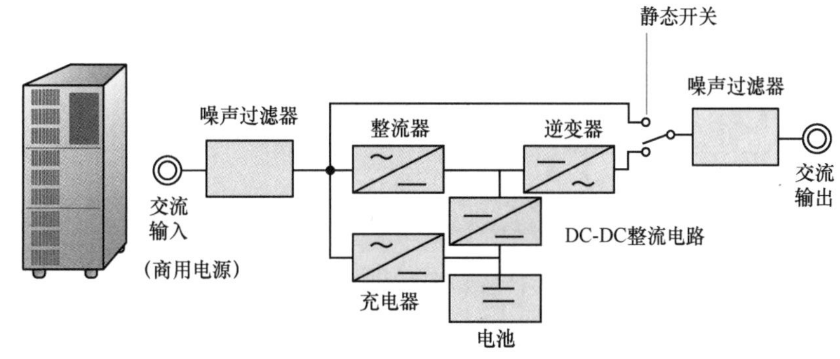

来源：根据日本山菱（YAMABISHI）公司网站

图 4-5-2　UPS 电源工作情况又一例（日常情况使用逆变器工作）

UPS电源的另外一种应用方式，日常情况下，由主电源经过整流器、逆变器、滤波器对外部系统供电，并对电池充电。紧急情况下，切换为电池经过逆变器和滤波器对外部供电。图中最上方的那条支路，叫作“旁路线”，用来应对UPS内部故障的情况。

4-6 家用电器与功率半导体

这里我们看一看家用电器与功率半导体之间的关系。代表性的电器包括IH电磁炉和LED灯。

4-6-1 IH电磁炉

1-3节中我们说过日常使用的日光灯、空调等都需要逆变器的工作，其实冰箱、洗衣机中也是如此。这里所使用的逆变器用来控制压缩机、电动机的工作，其实与4-3节介绍的新干线机车的电动机控制本质上是一样的。本节我们来看一些不太一样的应用方式。

很多人都使用过电磁炉，在环保时代，IH电磁炉是非常受消费者欢迎的产品。**IH**是“Induction Heating”的缩写，就是感应加热的意思，它能使金属容器感应出漩涡电流（简称涡流），从而由电生热，加热食物。它不使用明火，因此安全性比燃气炉大大提高，热量利用率也更高，经济实惠，所以非常受欢迎。由于这些安全方面的优势，电磁炉是现在许多高层公寓楼的标准厨房用品。图4-6-1中是一个IH电磁炉产品的照片。

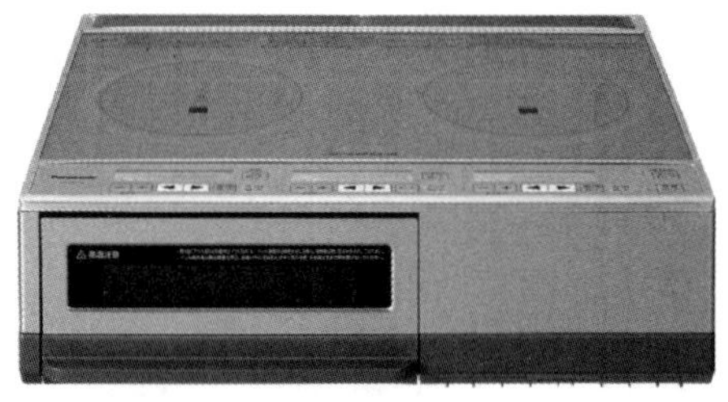

图4-6-1　IH电磁炉（松下）

涡流（Eddy Current）又称为傅科流（Foucault Current），傅科[㊀]是涡流现象的发现者。可能许多人并不了解涡流或感应加热，这里稍微做一些说明。

㊀ 傅科：Foucault（1819—1868），法国物理学家。因利用科里奥利力的原理发明了傅科摆而闻名于世，在此基础上又发明了陀螺仪。

如图 4-6-2 所示，当电磁炉中的加热线圈中通过高频交流电流时，会产生磁力线。将金属锅放在线圈的上方，磁力线会进入金属，并围绕磁力线感应出环形的涡流（左侧的放大图）。这些涡流在有电阻的金属材料中流动，就会产生焦耳热，这就是涡流加热的原理。

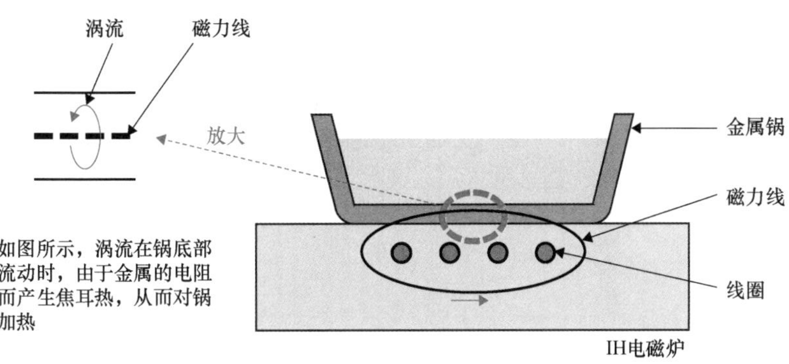

图 4-6-2　涡流和 IH 电磁炉的加热原理

4-6-2　功率半导体在其中的作用

IH 电磁炉与功率半导体有什么关系呢？虽然很多人可能难以理解，实际上 IH 电磁炉中是无法缺少功率半导体的。从上面关于涡流的描述中就可以看出来，进行电磁感应时，需要逆变器将家庭用电的频率（50Hz 或 60Hz）提高到数万赫兹，也就是要用到逆变器的**频率变换**功能。

4-6-3　LED 灯与功率半导体

随着节能照明的推广，日常生活中人们越来越多地开始使用 **LED**（Light Emission Diode）。要使 LED 灯发光，就需要将家庭用电从交流转换为直流，并且用斩波电路将电压调整为 LED 所适用的电压，所以这也需要功率半导体。斩波电路是为了使电压升高或下降，这些原理的解释会在 10-4 节介绍。

LED 的发光原理其实是基于半导体 PN 结，但与第 2 章的内容稍有不同，所以这里简单地进行说明。图 4-6-3 中是一个 PN 结，当对其施加正向偏压时，电源正极对 P 型区域注入空穴，电源负极对 N 型区域注入电子，电子与空穴在 P 型区域和 N 型区域的交界区发生复合，发射出一定波长的光子。由于物理过程简单直接，所以转换效率很高，用很小的直流电压即可驱动。也可以发出一些红外或紫外波段光线。LED 的结构也不复杂，容易实现防水封装，非常适合小型化和外置化的应用。这些优点使得 LED 灯如今被广泛应用于照明领域。当然，低温环境下 LED 的发光效率也会降低。3-1 节说到二极管的整流作用，LED 灯也是一样，只有正向导通时才能发光，可以作为电路导通与否的标志。为了让 LED 这样的光电器件发挥作用，也需要功率半导体为它们提供必要的工作电压。

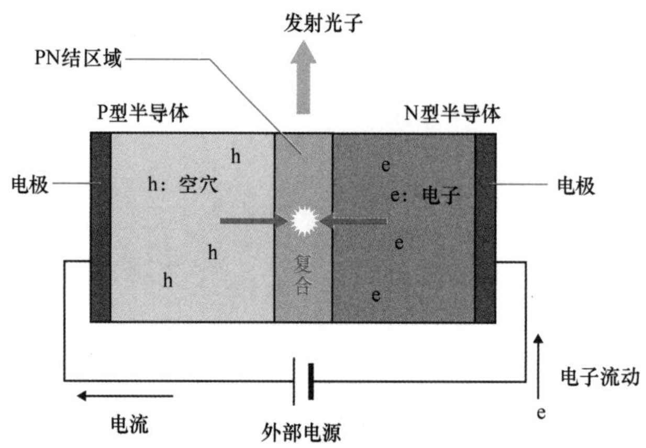

图 4-6-3　PN 结的结构

介绍这些内容，是希望读者体会到小小半导体中蕴藏的奥妙，也认识到我们的生活竟然这么离不开它们。

CHAPTER 5

第5章

功率半导体的分类

本章将把前面提到的各种功率半导体器件进行一次回顾和分类，也会补充一些关于功率半导体的轻松的小知识，希望大家能感兴趣。

5-1 按用途分类

到这里为止，我们已经一起学习了好几种半导体器件的原理和应用。第4章讲到功率半导体广泛的应用范围，其中接触到了许多专业术语。本章对这些器件进行分类，顺便对以往内容进行总结和梳理，为大家厘清思路。

5-1-1 功率半导体可以看作无触点开关

我们从前面说过的内容开始。功率半导体是进行电力变换的器件，可以实现机械开关无法达到的高频开关特性。用更加专业的话来说，功率半导体可以用小电流、电压作为开关，以很高的频率来控制负载上大电流的开关状态。按照这样的描述，我们画出了图5-1-1。

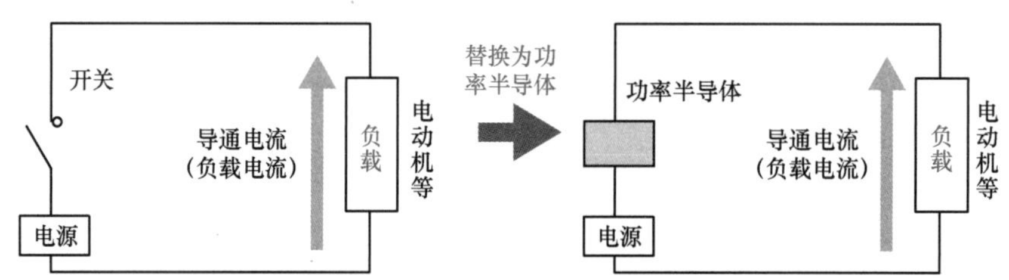

图 5-1-1 功率半导体的开关作用

作为一种半导体器件，功率半导体不存在机械损耗，状态是可逆的，电力损失很小，可以实现电流的高速开关。但是半导体本身不会存储能量。图5-1-1画出了负载是如何通电的，但这是一个简单的模式图，实际上往往还需要加上控制电路、电力变换电路、保护电路和冷却功能等。例如，3-3节说过，晶闸管要实现关断，就需要另外增加复杂的控制电路。所有为功率转换服务的器件和电路，都是Power Electronics（功率电子学/**电力电子学**）的研究对象，对应的装置就是**电力变换装置**。当然，本书的中心话题依然是功率半导体，其他内容只能这样顺带一提。对电力电子学感兴趣的读者，请参考相应的专业书籍。

5-1-2 功率半导体的广泛用途

第4章其实已经根据应用领域对功率半导体进行过分类。那么这里尝试换个角度，按用途来对功率半导体进行分类，以设备上是否含有动力装置来区分。

举例来说，哪些设备是有动力装置的？答案是，像电动机这样含有运动功能的电器。

那么什么样的设备没有动力装置呢？就是电源类的电器，包括第 4 章提到的 UPS 电源，第 11 章将介绍的太阳能电池等新能源电池，还有传统的交流、直流电源等。我们把这个分类画在了图 5-1-2 中。

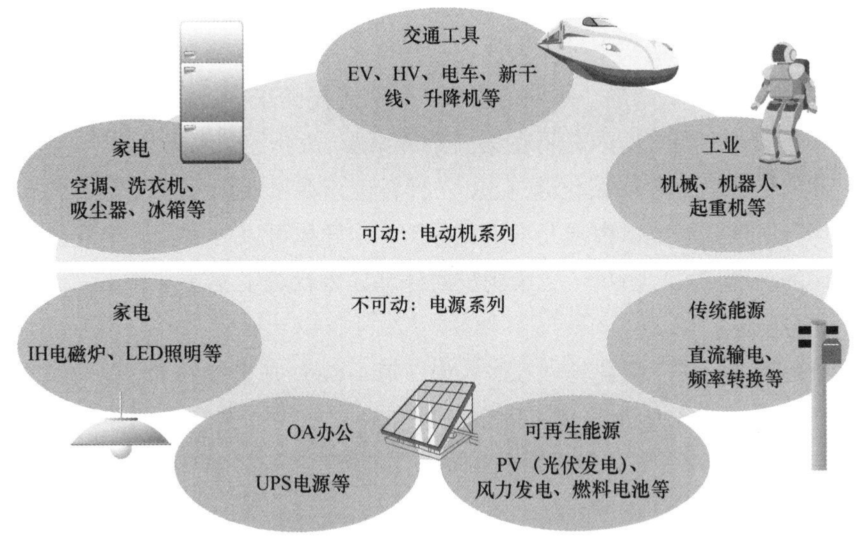

图 5-1-2　以有无动力装置划分功率半导体

第 4 章说过，电动机的速度都需要用逆变器来进行控制。而电源类电器，从电池到具体的负载，需要实现升压和降压，这就需要整流器。所以设备上有没有动力装置，对于功率半导体的需求是不一样的。

5-2 按材料分类

功率半导体器件的材料并不是只有硅一种，为了提高器件性能，人们开始研发各种新材料的半导体器件。本节就从材料的角度进行分类。

5-2-1　功率半导体与基础材料

对于半导体来说，基础材料的物理性质直接影响着器件的特性。比如集成电路中，集成了大量的半导体器件，基础材料影响着每一个二极管、晶体管、晶闸管这种单个器件的性能，并在总体上提高整个电路的性能。

如果把半导体比作体育竞技，集成电路代表团体竞技，功率半导体相当于个人竞技。

要提高集成电路的整体水平，就需要考虑每一个器件的设计、电路的组成、电路的设计等多种因素。棒球队或者足球队中，要有人统计成绩、分析成绩，还要有人为球队的日常运营提供支持，这都是球队获胜的必要因素。与集成电路相比，功率半导体不需要考虑那么多因素，唯一的目的就是提高器件自身性能，可比作格斗运动员，拼命提高自己的身体素质、技巧就可以了。对于功率半导体来说，材料就是生命。这些道理，只要读者读完第6章和第10章，肯定也会认同的。不同的材料，就有不同的工艺。

与半导体基础材料相关的内容将在第6章和第10章介绍。目前功率半导体的材料主要还是硅，硅的化合物半导体碳化硅（SiC）材料也正在普及中，氮化镓（GaN）材料也正在朝着应用方向展开研究。根据元素组成分类，半导体可以分为元素半导体和化合物半导体，按这样的分类方式，由单一元素构成的硅半导体就属于元素半导体，而碳化硅和氮化镓就属于化合物半导体。

根据元素的族数分类，氮化镓（GaN）中，镓（Ga）是Ⅲ族元素，氮（N）是Ⅴ族元素。所以氮化镓属于**Ⅲ-Ⅴ族半导体**，而碳化硅和硅半导体都是属于Ⅳ族半导体。这些分类关系都总结在了图5-2-1中。本书后续的内容将继续沿用其中（a）图的分类方式，因为目前集成电路中所使用的衬底材料，还是以硅材料为主。

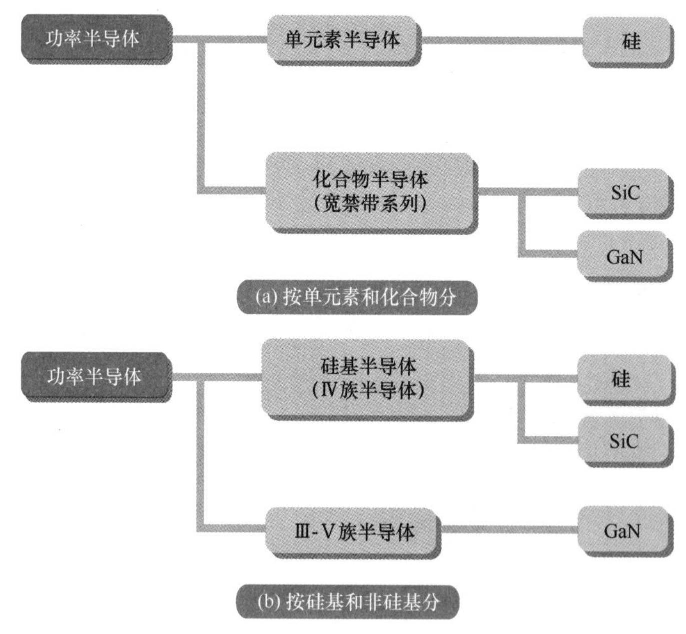

图5-2-1 功率半导体按材料分类

5-2-2 宽禁带半导体的重要性

为什么碳化硅和氮化镓如此受到期待？半导体的耐压性为何如此重要？我们从身边的例子就可以知道，对绝缘体来说，材料厚度越大，绝缘性能越好。但是对于功率半导体材料来说，正如之前学过的，半导体必须有开关作用，有时让电流通过，有时又要让电流截止。所以问题就转移到了开关的耐压性能上了。从第 1 章我们学到，半导体有时会变成导体，有时会变成绝缘体。在那时，影响开关功能的就是 PN 结的特性，而不是半导体的材料本身了。在这样的 PN 结里，有个区域叫作**耗尽层**（Depletion Layer），其中的载流子（电子或空穴）浓度很低。这个区域位于 N 型区域和 P 型区域的交界处，各自的多数载流子（N 型区域就是电子，P 型区域就是空穴）由于浓度差而彼此相向扩散，并在扩散过程中复合消失，使得这个区域里载流子浓度很低，耗尽层的名字由此而来。PN 结的耐压性能，就和这个耗尽层内所能承受的反向电压的大小有关。

这些内容总结在了图 5-2-2 中。大体上半导体材料的**禁带宽度**（Band Gap，禁带宽度的数据在图 2-2-1 中稍微介绍过）越大，其耗尽层的耐压性也就越强。所以禁带宽度较大

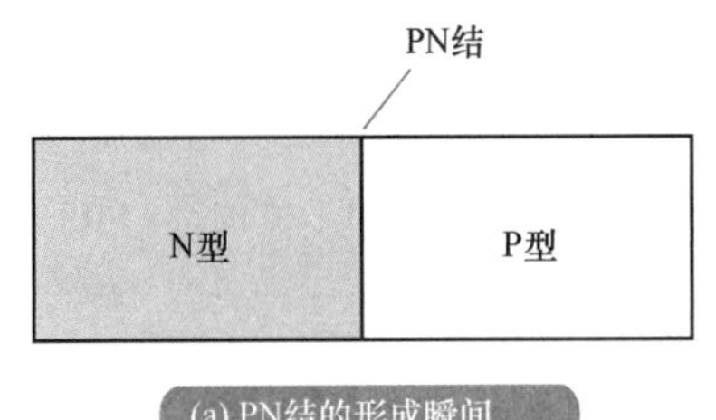

(a) PN结的形成瞬间

注）实际上，真实情况如图（b）所示。

耗尽层的形成

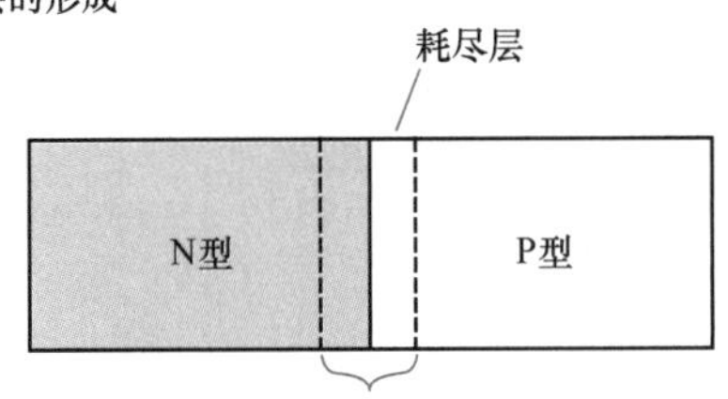

(b) 热平衡状态的PN结

注）耗尽层中，N型硅和P型硅中的多数载流子发生复合，这就是载流子浓度偏低的原因。

图 5-2-2 从固体物理的角度看 PN 结的耐压性

的半导体，也就是**宽禁带半导体**就非常重要了。硅材料的禁带宽度只有 1.1eV（eV，电子伏特），它的耐压性对于如今的需求来说已经不够了，作为宽禁带半导体的碳化硅和氮化镓材料可以提供更高的耐压性。

5-3 按构造、原理分类

这里着重根据构造和功能对半导体进行分类。可能与第 3 章内容有所重复，希望能借着这样的整理，让读者对原理更加理解。

5-3-1 按载流子的种类数分类

按照器件中使用的载流子的种类数，首先可以把功率半导体分为双极型晶体管和 MOS 晶体管两类。第 2 章说过，电流其实就是载流子的流动，而**载流子**（Carrier）包括正负两种极性。双极型晶体管同时需要用到带负电荷的电子和带正电荷的空穴两种载流子，所以称为**双极型晶体管**。与之相对的，功率型 MOSFET 器件只用到了电子一种载流子㊀，因此又称为**单极型晶体管**，但这个称呼仅仅是用来与双极型进行区分，实际还是称呼为 **MOS 晶体管**。为了便于理解，这里给出图 5-3-1。二极管在这里也划分到单极型的类别里。IGBT 器件因为同时包括 MOS 管和双极型晶体管两种器件的原理，所以还是应该划分到双极型的类别里。

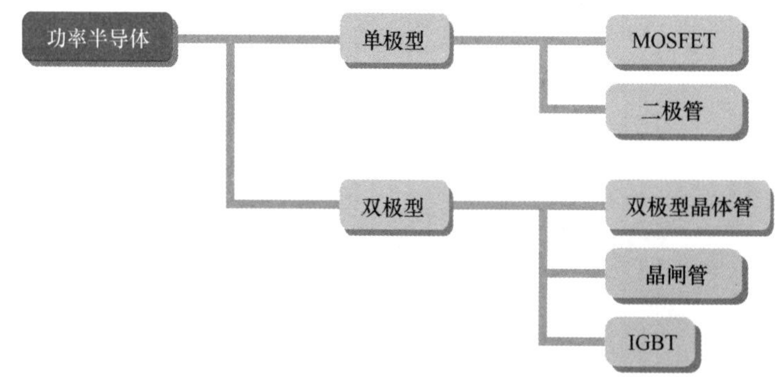

图 5-3-1 按载流子的种类数分类的功率半导体

㊀ 只用到了电子一种载流子：功率型 MOSFET 由于重视高速性和驱动性，所以偏向于使用迁移率更高的电子作为载流子，也就是使用 NMOS 器件比较多。非功率型的普通 MOSFET，根据需要也会使用空穴作为载流子，即 PMOS 器件。2-9 节中也说过，集成电路中由于使用了 CMOS，因此也用到了两种载流子。

5-3-2 按 PN 结的数目分类

在之前分了双极型和单极型两大类之后，按照一个器件中有多少个 PN 结（P 区和 N 区之间有多少个接触面）来继续分类，也是比较容易理解的。

单结器件是二极管。双极型晶体管和 MOS 管都属于双结器件，但它们的构造又有差别：前者的两个结垂直排列，界面重合；后者的两个结在平行位置，界面没有重合。IGBT 器件，如 3-5 节所说，是双极型晶体管和 MOS 管的组合，所以应该属于多结器件。晶闸管，如第 3 章所说，应该属于三结器件。结的数目越多，就能实现越复杂的开关要求。当然，有时候也需要外部控制电路的辅助。像二极管，不需要专门的外部控制电路来控制通断的器件，称为**不可控器件**。像普通晶闸管这样，可以自行导通，但是需要外部控制电路来实现关断的器件，称为**半控型器件**。而双极型器件、MOS 管等完全可以通过外加控制信号实现通断的器件，称为**全控型器件**。按照这样的分类，画出了图 5-3-3。

对前面所说的结面重合做一个说明。第 2 章中对双极型晶体管和 MOS 晶体管的结构都进行过解释，如图 2-4-2（双极型晶体管）和图 2-5-3（MOS 晶体管）所示，可以看到，它们的共同点是多个 N 型区域和 P 型区域彼此连接。

实际上，在双极型晶体管的结构中，如图 5-3-2（a）所示，是在 N 型区域中制造一个 P 型区域，产生了一个 PN 结；然后在 P 型区域的内部再制造一个 N 型区域，又有了一个 PN 结。两个 PN 结的面积上有重合的部分，就是前面所说的结面重合。并且还要注意到，实际上双极型晶体管的基区厚度是很薄的，而图 5-3-2（a）中只是为了看清楚，故意画出这样的厚度。

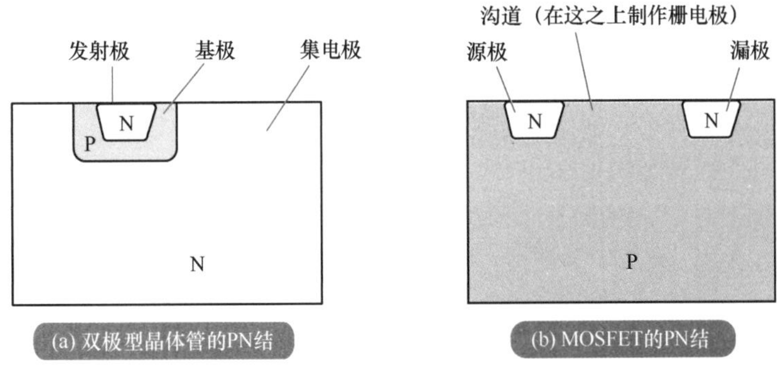

图 5-3-2　双极型晶体管和 MOSFET 的 PN 结的区别

与之相对的，MOSFET 的情况如图 5-3-2（b）所示，在 P 型区域中同时制造出两个 N 型区域，位置不同，结面没有重合。这就是双极型晶体管和 MOS 管在结的制造工艺上的差别。

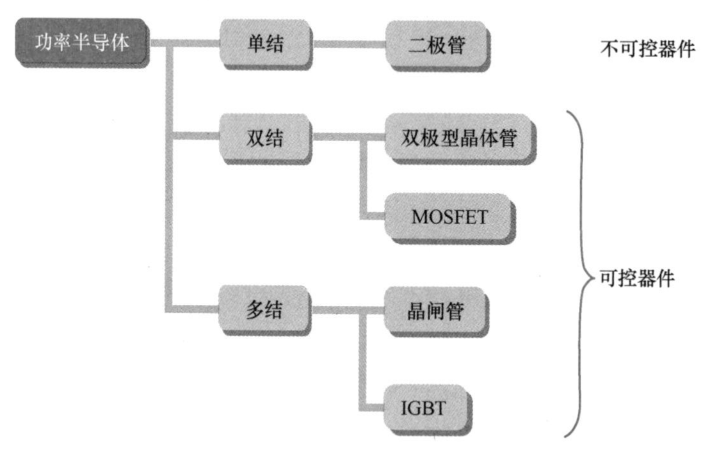

图 5-3-3 按 PN 结数目分类的功率半导体

5-3-3 按端子数目分类

也可以按照外部所留的端子（电极）数目来分类。例如，二极管是二端器件。以此类推的话，PN 结数目越多，外部端子数目也会越多。但是从器件控制的角度来看，其实至多也只需要三个端子。例如，晶闸管是三结器件，也是三端子器件；IGBT 中的 PN 结数目更多，但还是三端子器件。按照这样的分类，画出了图 5-3-4。

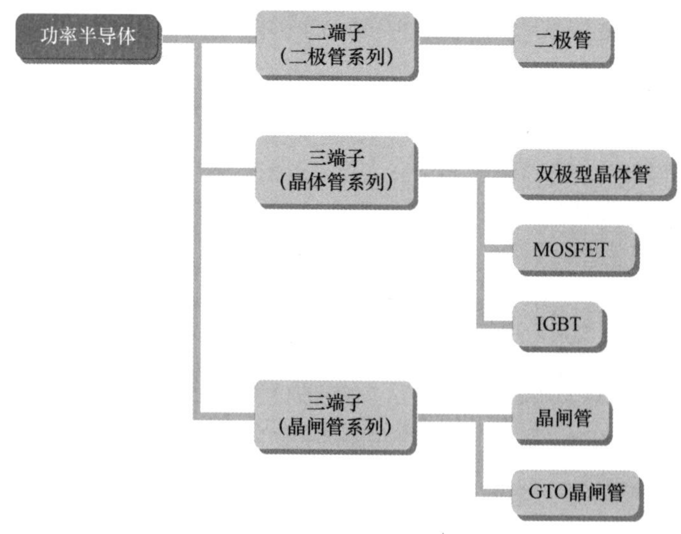

图 5-3-4 按端子数目分类的功率半导体

5-4 从额定参数看功率半导体

这一节的内容都是之前没有写过的，作为补充知识，希望对大家有些帮助。

5-4-1 功率半导体的规格

功率半导体是用于电力变换的半导体。从外部施加高电压后，就可以使器件产生大的电流。众所周知，电力（即功率，P）= 电流(I)×电压(V)。

在进行电力变换的时候，器件允许多大的电流通过，或者允许施加多大的电压，是器件非常重要的性能。对于功率半导体来说，这些都是有**额定值**的，必须以参数列表的形式写出来。图 5-4-1 所示就是 IGBT 器件的例子。通常在列表的开头会给出两个参数：集电极最大电流 I_C、集电极-发射极饱和压降 V_{CES}（下标字母 S 即 Saturation 的缩写，表示饱和）。这里列出的这两个参数的数值只是举例，实际上不同的器件参数值都不一样。总之，拿到不同的功率半导体器件，要学会看参数列表，只有在这些参数的允许范围内进行操作，才是安全的。

符号	名称	条件	额定值	单位
I_C	集电极最大电流	根据测量时的温度和脉冲条件	100	A
V_{CES}	集电极-发射极饱和压降	测量时要求G-E间短路（注）	600	V

注）G为栅极，E为发射极。
来源：基于各功率半导体厂商的数据

图 5-4-1　功率半导体的额定参数举例

当外部电源为 220V 或 440V 交流电压的时候，器件所对应的额定电压分别为 600V 和 1200V。而在铁路、变电所等工作环境中，电压值就更大了。表格中给出的电流的额定值是 100A，实际上 1kA 以上的大电流的情况也是有的。

5-4-2 功率半导体的额定电压与耐压性

电源电压是有标准值的。图 5-4-2 是日本电气技术协会 **JEC**[㊀] 所制定的电源电压标准。

㊀ JEC：Japanese Electrotechnical Committee 的缩写，代表日本电气学会电气规格调查会。负责各种电气标准的制定。另外，如果是国际标准规格，就归 IEC 协会管辖，I 表示 International。

功率半导体作为工作在高电压环境下的器件，承受这样数量级的电压是必需的。记住这些参数，再去看第4章和第11章关于功率半导体应用的内容时，会更有体会。JEC所规定的规格标准还有很多，感兴趣的读者可以访问其主页。

	种类	电压
家庭用	单相／三相	100V、200V
小型工厂用	三相	200V、400V
办公楼、工厂用	三相	3.3kV、6.6kV
大工厂、大容量设备用	三相	11kV、22kV、33kV

来源: JEC-0102（2004）

图 5-4-2　JEC所制定的电源电压标准

CHAPTER 6

第 6 章

用于功率半导体的硅片

本章主要介绍用于功率半导体的硅材料的特性及硅片的制造工艺，并与集成电路所使用的硅材料进行对比。

6-1 硅片是什么

本节将介绍功率半导体的原料硅单晶和硅片。其他新型半导体材料将在第10章介绍。

6-1-1 硅材料的品质是功率半导体的关键

让我们详细地了解一下硅和**硅片**[一]（Wafer）知识。笔者认为，功率半导体的性能大大依赖于硅材料的品质。当然，这并不是说数字电路、存储器等就不用重视硅材料的品质。但是相比较而言，功率半导体对硅的依赖性更强一些，请读者明白。首先，硅元素（Si）在元素周期表中，位于Ⅳ族，与碳元素（C）和锗元素（Ge）属于同一族，见图6-1-1。

Ⅰ	Ⅱ	Ⅲ	Ⅳ	Ⅴ	Ⅵ	Ⅶ	Ⅷ
H							He
Li	Be	B	C	N	O	F	Ne
Na	Mg	Al	Si	P	S	Cl	Ar
K	Ca	Ga	Ge	As	Se	Br	Kr

图6-1-1　短周期元素表中的硅

在了解硅单晶的制作工艺之前，希望读者了解这些知识。虽然现在硅已经是半导体材料的主流，但在半导体产业的初期并不是这样。就像2-6节所说，当时第一个晶体管所使用的材料是硅的同族元素锗。至于为什么后来用硅替代了锗，一是因为硅元素在地壳中储量丰富（根据**克拉克值**[二]）；二是硅的氧化物非常稳定。

6-1-2 硅片是什么

从图6-1-2的照片中可以看到硅片形状[三]是圆形的。硅片的尺寸和厚度规格都是由

㊀ 硅片：硅片译自英文Silicon Wafer，有时英文中也会写成Silicon Slice。Slice的意思就和切火腿片的切片意思相同。半导体产业是从美国发展起来的，专业用语都是英文为主。

㊁ 克拉克值：指各种元素在地壳中平均含量百分数。硅的克拉克值仅次于氧，是地壳中含量第二丰富的元素。

㊂ 硅片形状：半导体器件所使用的硅片是圆形。太阳能电池所用的是正方形硅片，或稍微截去四个角的正方形硅片。

SEMI[⊖]（国际半导体产业协会）制定的。

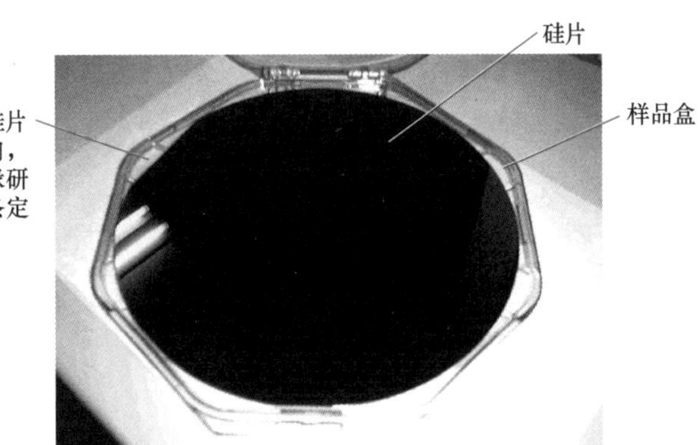

图 6-1-2　硅片的实物照片（笔者本人拍摄）

本书中硅片的尺寸都以英寸为单位。最初硅片的尺寸都是以英寸为单位，但是当人们开发出 5 英寸以上的硅片后，就开始以毫米（mm）为单位了。但业界还是习惯以英寸来表述，因此为了避免混乱，本书决定也采用英寸单位。换算过来，5 英寸就是 125mm、6 英寸就是 150mm、8 英寸就是 200mm。

英文单词 Wafer 翻译成中文其实也有很多不同的说法，适用于不同的场合。本书为避免混乱，统一翻译为硅片。Wafer 的原意其实是薄饼、威化饼，跟冰激凌一起吃的话味道好极了。

6-1-3　高纯度多晶硅

前面说到，硅在地壳中含量非常丰富。但多数并不是以单质硅的形态存在，而是以硅的氧化物形态存在，因为单质硅很容易氧化，并且其氧化物的化学性质非常稳定。制造硅片，首先要开采石英砂（主要成分就是二氧化硅，SiO_2）；然后用碳使其发生还原反应，得到低纯度的单质硅，称为粗硅，或金属硅、冶金级硅；再经过多道化学提纯工艺，得到多晶硅。但这仅仅是硅片制造的前期准备。用于半导体芯片制造的多晶硅的纯度必须做到 **11 个 9**，就是说 99.999999999% 的纯度，这个纯度级别的硅被称为半导体级硅，超高纯硅。多晶硅中的多晶意思是说，在一整块硅晶体中含有无数更小的晶粒，每颗晶粒方向随

⊖ SEMI：官方网址：www.semi.org。

机，并且有自己的晶界与其他晶粒隔开。单晶硅的单晶是指一块晶体整体就是一颗巨大的晶粒，内部原子排列方向是统一的，并且是连续的，没有晶界的阻隔。

图 6-1-3 是多晶硅棒的生产流程图。这套方法被称为西门子法，最早是德国的**西门子公司**㊀开发出来的。首先金属硅在流化床（300℃）反应得到三氯氢硅（$SiHCl_3$）气体，接着用蒸馏塔对其提纯。然后将三氯氢硅气体与氢气混合送入还原炉（西门子炉）。炉子的气密性极好，没有杂质的污染，内部有一根通电加热（1100℃）的细硅棒，两种气体发生反应生成单质的硅，在细硅棒上结晶成为多晶硅。硅棒的横截面面积会不断增大，达到一定尺寸后，就得到了高纯度的多晶硅棒。

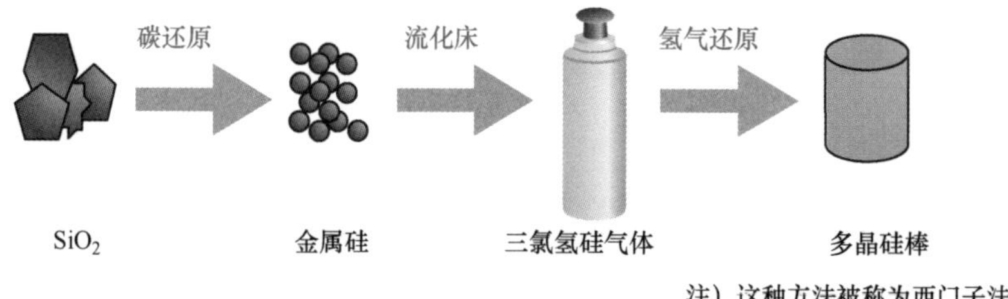

图 6-1-3　多晶硅棒的生产流程图

6-2 硅片的制造方法与差异

本节将介绍硅片的制造方法。功率半导体所使用的硅片与一般的硅片又略有不同。

6-2-1　两种硅片制造方法

制造硅片前，首先要得到硅的单晶。硅单晶的制造大致分为两种方法，一种是**坩埚直拉法**㊁（Czochralski 法，**CZ 法**），另一种是**悬浮区熔法**（Floating Zone 法，**FZ 法**）。目前集成电路制造所用的硅片都是通过 CZ 法制造的（CZ 硅片）。与之相对，FZ 法得到的硅片（FZ 硅片）就适合功率半导体的制造。原因是集成电路需要**大尺寸硅片**（硅片尺寸越大，单位器件成本越低），而功率半导体对硅片尺寸要求不高。无论是哪一种方法，其原料都是 6-1 节所说的**高纯度多晶硅**。日本硅片的主要生产企业是德山（TOKUYAMA）。

㊀ 西门子公司：Siemens，如今依然是世界知名的电气制造商。

㊁ 坩埚直拉法：波兰的杨·柴可拉斯基发明的方法。发明这种方法本来是为了其他研究目的，但后来人们发现这种方法非常适合于制造单晶硅。

6-2-2 坩埚直拉法

坩埚直拉法的过程如图 6-2-1 所示。在坩埚里将高纯度多晶硅加热熔融成液态，将一粒籽晶从上方悬挂浸入液态硅中，**籽晶**的**晶向**必须严格对准一个方向。将籽晶缓慢向上提拉，所以这个方法被叫作**直拉法**。籽晶提拉的同时，坩埚缓慢旋转，液态硅就会在籽晶上沿着同样的晶向生长，长成柱状的单晶硅棒。取出硅棒后，用特殊的线锯将硅棒的头部和尾部切掉，并把中部切割成许多一定厚度的硅片。

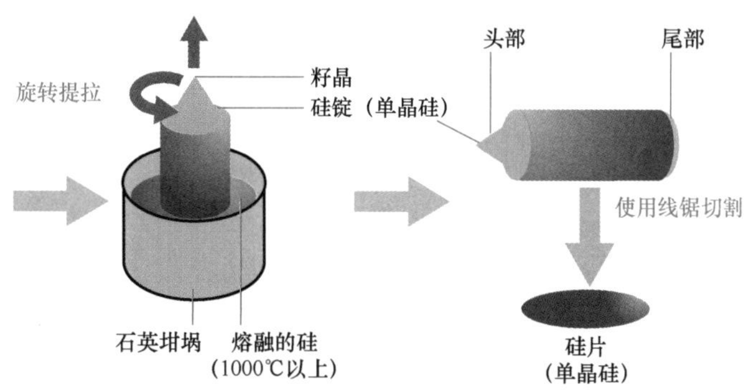

图 6-2-1　坩埚直拉法的过程示意图

如此得到的硅片是未经掺杂的**本征半导体**[㊀]，为了增大载流子浓度，就必须在熔融多晶硅的时候，掺入相应的杂质（参考 2-1 节）。随着坩埚直拉法的工艺不断进步，硅片的尺寸也在不断扩大，如图 6-2-2 所示。目前 12 英寸硅片已经实现了应用。这种方法需要在

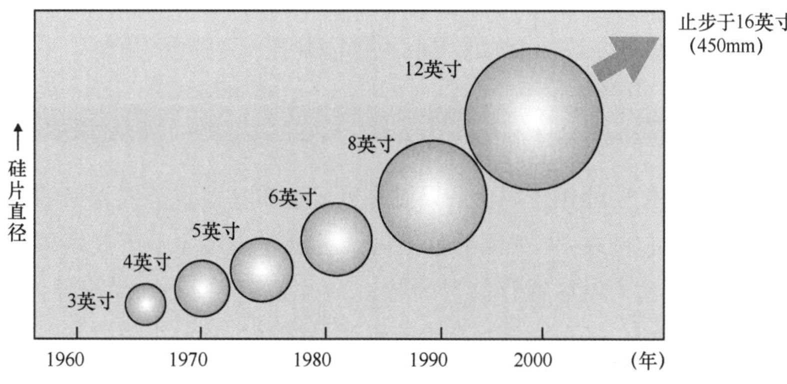

图 6-2-2　坩埚直拉法生产的硅片尺寸的扩大

㊀ 本征半导体：载流子只有本征激发出来的电子，对于半导体器件来说，这样的载流子浓度是不够的。参考 2-1 节。

石英坩埚中熔融多晶硅，而石英坩埚中的氧元素在高温下，会进入液态硅中，对硅片纯度有一定影响，但这对器件性能来说问题并不大。将坩埚的尺寸、转速、籽晶的提拉速度参数进行优化，就能得到大尺寸的单晶硅片了。

6-2-3 悬浮区熔法

悬浮区熔法，是于1950—1960年，在美国贝尔实验室研发的区熔法（Zone Melting）的基础上，经过西门子公司、道康宁公司（Dow Corning）、通用电气公司（GE）等改进而成的。其方法是，首先将多晶硅制作成棒状，垂直摆放，然后将一定方向的籽晶固定在其下方。在硅棒的外围是RF（射频）线圈，通过感应加热使硅棒靠近籽晶的部分熔融。RF线圈的位置缓慢上移，硅棒下方熔融的部分冷却，并沿着籽晶的方向长成单晶。随着过程的推进，硅棒的上部也依次熔融和结晶，最后整个硅棒变成单晶。整个过程如图6-2-3所示。这样得到的单晶硅棒，再经过切片变成硅片。

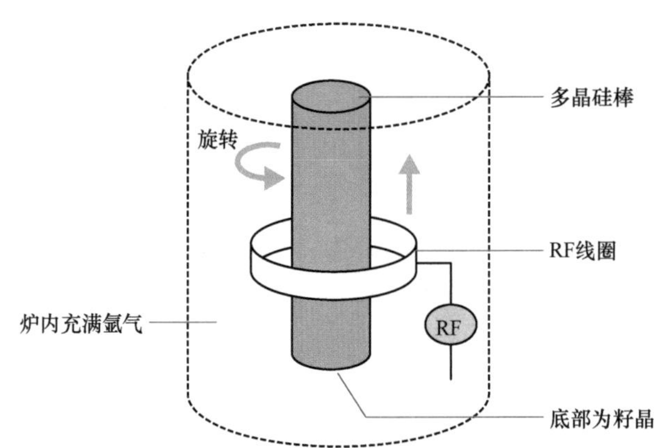

图6-2-3 悬浮区熔法的过程示意图

悬浮区熔法由于不需要使用坩埚，所以没有氧元素和其他重金属元素的污染问题。但是由于需要将整根硅棒包围在RF线圈的范围内，所以硅片尺寸不可能做得很大。这样尺寸的硅片不适合用来制造CMOS或存储器等芯片，所以主要用于功率半导体器件的制造。前面说过，通用电气、西门子公司等都是世界级的电气制造商，当年也都是硅单晶的主要开发者。日本许多大型半导体企业也是这个领域里的先驱。关于悬浮区熔法的更多内容，请看下一节。

还要说明一点以免误解：功率半导体多数使用FZ硅片，这只是一种相对的说法，其中的一些低耐电压产品也使用CZ硅片。

6-3 FZ 硅晶体的特点

本节将更为详细地介绍 FZ 硅晶体的制造方法。

6-3-1 实际的 FZ 硅晶体的制造方法

图 6-3-1 更为详细地展示了 FZ 硅晶体的制造过程。首先要将多晶硅棒悬挂在单晶炉中，炉内要充满氩气作为保护，隔绝空气。开始工作时，使多晶硅棒沿着自身中心轴保持缓慢旋转，同时将套在硅棒外围的 RF 射频线圈从硅棒底部开始缓慢上移（要注意的是，图 6-3-1 为了画图方便，画成了硅棒下移，而不是线圈上移）。随着射频线圈的感应加热，硅棒的底部最先开始熔融，如图 6-3-1（a）所示。随后如图 6-3-1（b）所示从硅棒的正下方，将籽晶快速插入熔融部分并快速拉出，形成一个细长的颈部，这一步骤叫作缩颈（**Necking**），是为了消除**位错**[㊀]（补充一点，其实在 CZ 法制造单晶硅时，也有类似这样的过程，称为 Dash 缩颈，Dash 是 GE 公司技术人员的名字）。然后缓慢旋转籽晶，使缓慢向下流淌的熔融物在籽晶上冷却，并按照籽晶的晶向生长。随着射频线圈加热区域不断上移［图 6-3-1（c）］，更多的多晶硅熔融并流到下方，逐渐长成一整根单晶硅棒。最终所得到的单晶硅棒的直径，受到线圈上移的速度、射频加热的功率等因素的影响。

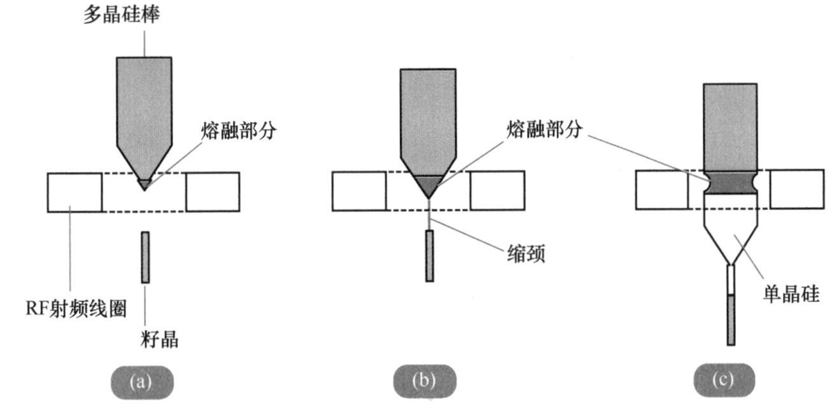

图 6-3-1 FZ 硅晶体的制造过程示意图

FZ 法的优点是：①由于不使用坩埚，减少了氧元素的污染；②硅片纯度高，电阻率

㊀ 位错：简单地说就是晶格排列不整齐、错位的现象。

高。但是FZ法由于采用的是局部加热融化，热应力会导致更多的位错，晶体内的位错密度比CZ法高很多。

6-3-2 FZ硅晶体的大尺寸化

FZ法的8英寸硅片工艺已经成熟。回顾历史，2英寸硅片是在20世纪70年代后期实现的，3英寸是在20世纪80年代后期，4英寸是在20世纪90年代后期，6英寸是2000年以后出现的。图6-3-2给出了FZ硅片直径扩大的过程。而CZ法的硅片，早在20世纪90年代后期就已经实现了12英寸（300mm）的工艺。顺带一提，笔者当年也曾见到过1.5~2英寸的硅片，但没有使用过。笔者亲手使用过的最早的硅片是3英寸。后来，当拿到5英寸的硅片时着实吓了一跳，硅片的尺寸几乎翻了1倍，平常取用硅片的小镊子都夹不住它了。

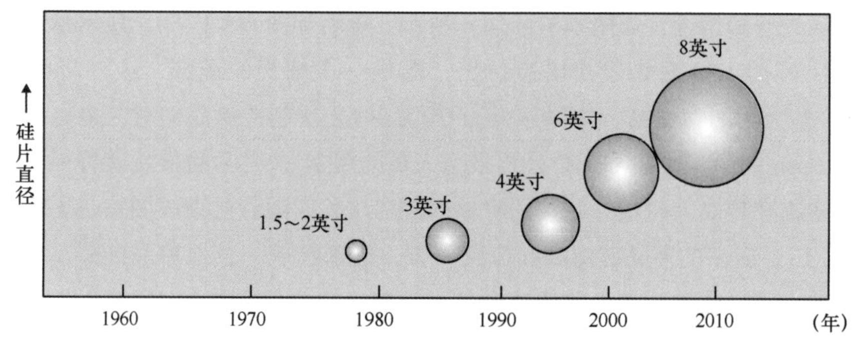

图6-3-2 FZ硅片直径扩大的过程

6-4 FZ硅片为何重要

本节将解释，为什么功率半导体必须用FZ硅片。其实关键在于偏析现象。

6-4-1 什么是偏析

CZ法在提拉硅单晶时，会伴随发生偏析现象。所谓**偏析**，是指当硅单晶不断形成并上拉的过程中，晶体内含有的杂质浓度会逐渐增大。因为随着硅原子发生结晶进入固相，液相中剩余的杂质浓度会越来越高，并集中在固液交界面处。因此最后的单晶硅棒，沿着生长方向，杂质浓度会形成一个上升梯度。这种现象就是偏析，是CZ法制造晶体的普遍问题。

图 6-4-1 的左图表明，在一定的温度下，液相的杂质浓度总是会高于固相。因为这个原因，CZ 法拉制硅棒时，随着长度的增加，杂质浓度会呈现图 6-4-1 右图的趋势。而电阻率的变化趋势与杂质浓度相反。

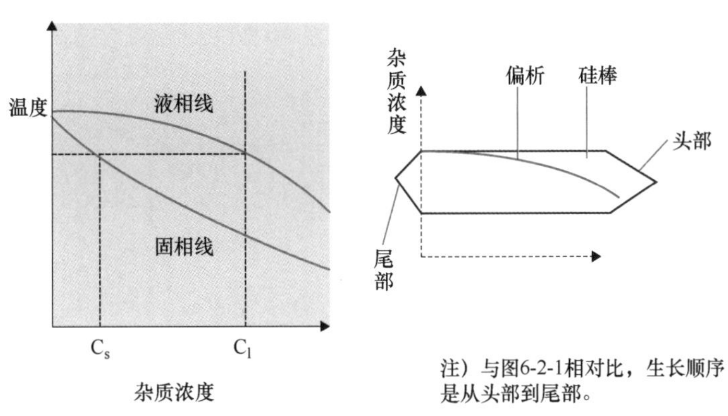

图 6-4-1　CZ 法单晶硅中的偏析现象产生的原理

由于以上原因，在对这种硅棒进行切片时，不同位置所切出的硅片杂质浓度不同，因此在硅片制造工艺中，必须根据产品的杂质浓度来划分规格。但是现在硅片制造工艺中所使用的 N 型杂质磷（P）和 P 型杂质硼（B），相比于其他Ⅲ族和Ⅴ族元素来说，所产生的偏析现象还是比较轻微的。Ⅲ族和Ⅴ族杂质元素如图 6-1-1 所示，已经用不同颜色标识了出来。

所谓杂质元素的掺杂，意思就是说把硅以外的元素添加到硅的晶体中来，对硅来说它们就是杂质了。掺杂的杂质元素量太多也是不好的，这被称为高浓度杂质。前面 6-2 节也提过，CZ 硅中有氧元素的混入，也是一种掺杂，这些氧元素来自坩埚中高温分解出来的氧。

这样得到的 N 型硅片和 P 型硅片，就从硅片生产企业手中到了芯片生产企业手中，用来在上面制造各种各样的半导体器件。

FZ 法在杂质浓度控制方面的优点

与 CZ 法不同，FZ 法不存在固液交界面，因此没有杂质的偏析现象。此外，随着技术的进步，人们发现了“气体掺杂法”和“中子辐照法”（NTD）等新的掺杂方法，使掺杂浓度更加均匀。气体掺杂法是一种原位掺杂法，像图 6-4-2 那样，在多晶硅受 RF 射频线圈加热熔化后，在凝固之前对其喷射掺杂气体（磷烷 PH_3，或乙硼烷 B_2H_6）使杂质进入硅单晶。而中子辐照法，又叫作中子嬗变掺杂，是用中子束照射硅晶体，使 Si 的同位素

^{30}Si俘获中子变成^{31}Si，然后这种不稳定的同位素^{31}Si又衰变成为^{31}P，从而实现了磷（P）掺杂，得到N型硅，这样的硅片掺杂均匀度相当好。功率半导体中，第3章所说的要利用硅片全部厚度的器件，就应该用这种硅片。

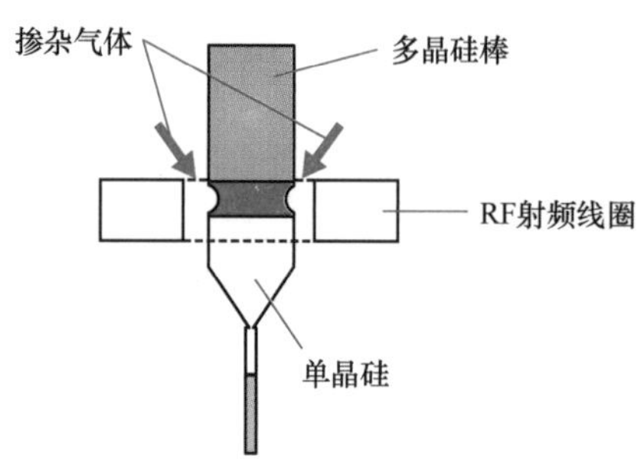

图 6-4-2　气体掺杂法的示意图

6-4-2　FZ 硅片的困难

这里介绍一下FZ硅片所面临的一些课题。FZ法是把多晶硅进行局部分段融化而逐渐形成单晶，与CZ法相比，对多晶硅的要求就比较高。就是说，CZ法是把整根多晶硅棒一次性融化，对多晶硅棒本身的均匀性就没有要求。而FZ法由于是局部分段融化，要使最后单晶的品质更均匀，就要求原本的多晶硅品质也要均匀。这就提高了生产成本。而且像之前提到的，FZ硅片的大尺寸化始终是需要解决的问题。

6-4-3　大尺寸化进行到了哪里

功率半导体所使用的硅片，是从曾经的1.5~2英寸时代开始的。当时只能生产这样尺寸的硅片。

根据半导体产业的规律，同一片硅片上如果能生产出更多的器件，那么器件制造成本就会随之降低。人们用大尺寸的硅片，就可以在同一片硅片上生产出更多的芯片。但功率半导体的情况与MOS存储器、MOS逻辑电路等都不一样。以功率半导体芯片的大小，一片硅片上有时只能造一片芯片。虽然目前市场上功率半导体硅片尺寸已经做到了8英寸，但今后仍然需要提高。

6-5　硅材料的局限

本节将讨论，硅材料的物理性质对功率半导体性能造成的局限。

6-5-1 硅的局限

目前半导体器件主要是由硅基材料制作的，今后很长一段时间，应该还是如此。但是如 5-2 节所说，很多新材料也非常受人期待。

相比于化合物半导体，硅材料的**载流子迁移率**[⊖]较低，因此对于需要高速运行的数字电路来说，硅材料器件不是很合适，而属于化合物半导体的 HEMT（高电子迁移率器件）就非常理想。但是由于微加工技术的发展，硅材料在提高集成度方面非常有潜力，因此集成电路还是以硅为主流。功率半导体也是如此，仍处于硅材料的时代。

但 3-6 节曾经提到过，硅基功率半导体的导通电阻和耐电压性之间存在矛盾。功率 MOSFET 的设计需要对这两个重要参数进行兼顾。

6-5-2 硅的局限理论上在于耐电压性

功率半导体一方面要求有高速开关性能，另一方面也要能承受高功率（高功率表现为高电压）。高速和高功率都要求器件有较低的导通电阻，但这也会使器件的耐电压性降低。导通电阻和耐电压性之间是正相关的关系，如图 6-5-1 所示，要在低电阻和高耐电压之间进行权衡（Trade off）。另外，在第 10 章我们将会介绍，宽禁带半导体碳化硅和氮化镓的耐电压性都要比硅强 10 倍。所以也就有了图 6-5-2，将 3 种材料的导通电阻和耐电压性进行粗略对比，发现虽然变化趋势大致相同，但是在耐电压性相同的情况下，硅、碳化硅、氮化镓的导通电阻依次下降，这也就是说，新材料突破了硅的局限。目前，用碳化硅和氮化镓制作的场效应晶体管已经应用在逆变器的开发中。这些内容将在第 10 章详细解释。

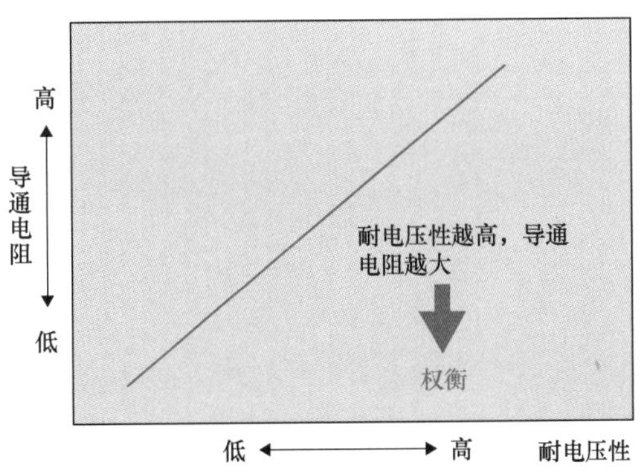

图 6-5-1　高耐电压性与低导通电阻的权衡

⊖ 载流子迁移率：具体数值请见图 2-2-1。

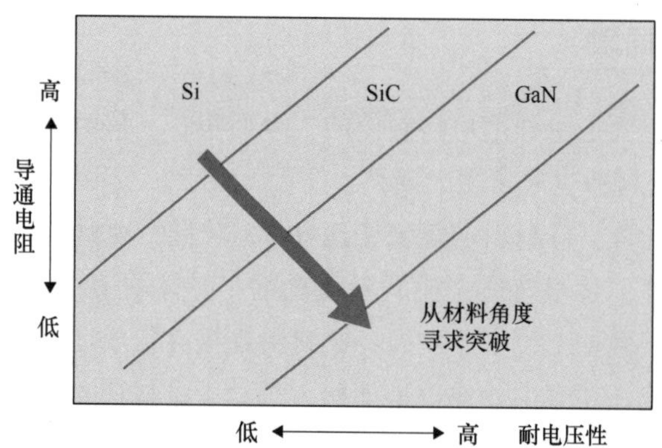

图 6-5-2　不同材料的耐电压性与导通电阻变化关系

当然这两种新材料的成本肯定比硅高许多，如何解决这些问题也将在第 10 章说明。

但也不要误解，硅材料并非要被淘汰出半导体领域。在许多地方，硅材料的性质是完全够用的。只有在一些高端器件中，才需要用到碳化硅、氮化镓这些材料。

CHAPTER 7

第7章

功率半导体制造工艺的特点

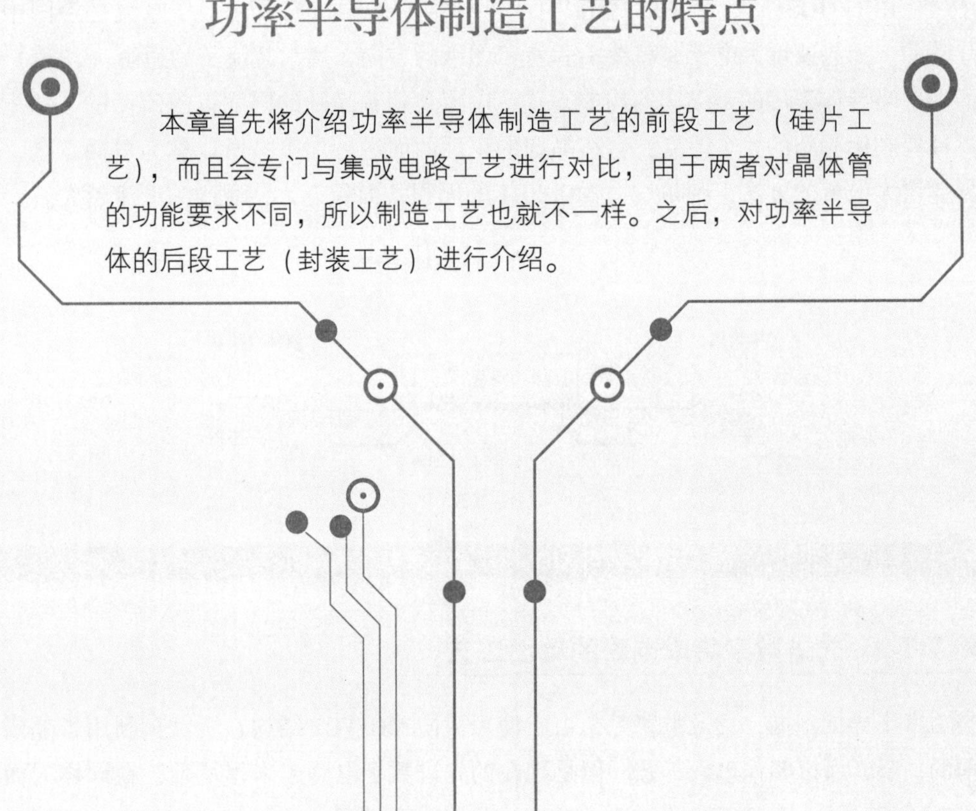

本章首先将介绍功率半导体制造工艺的前段工艺（硅片工艺），而且会专门与集成电路工艺进行对比，由于两者对晶体管的功能要求不同，所以制造工艺也就不一样。之后，对功率半导体的后段工艺（封装工艺）进行介绍。

7-1 功率半导体与集成电路的区别

在了解功率半导体的各种工艺之前，先了解一下功率半导体与代表先进半导体主流的集成电路，及其它们各自所使用的晶体管之间的区别。

7-1-1 功率半导体的双面工艺

集成电路和功率半导体，其实本质上都是在硅晶圆上制作出来的各种芯片。但是两者也有区别：集成电路希望在一片晶圆上制作的芯片数量越多越好；而功率半导体不追求数量，甚至也有在一片晶圆上只做一片芯片的情况。两者的需求不同，所以制造工艺会有极大的区别，这一点首先请读者知道。

两者所制造出来的晶体管的物理原理是一样的，但具体结构和性能参数不一样。集成电路中的晶体管的作用是信号的开关，在低电压、小电流下工作。本书1-6节介绍的集成电路中所使用的MOSFET，采用的是图7-1-1那样横向的构造方式，工作电流是沿图中的横向移动的。如果要增大电流，就要沿垂直于图纸的方向，增大载流子的通道（沟道）宽度。而功率半导体采用的是纵向的构造方式，电流是朝着晶圆的厚度方向流动的，功率半导体器件要利用晶圆的整个厚度，会在晶圆的正反两面进行加工，所以称为双面工艺。功率半导体增大电流的方法，则是增大MOSFET的面积，面积越大，通过的电流越大。

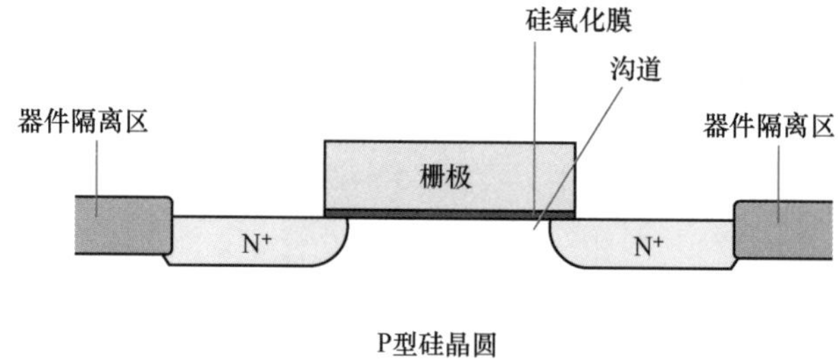

图7-1-1 横向MOSFET的剖面结构示意图

7-1-2 先进数字集成电路的单面工艺

与功率半导体不同，集成电路工艺由于使用横向MOSFET结构，所以只利用了晶圆表面薄薄的一层，所以叫作单面工艺。但是现在的先进数字电路越来越复杂，在同样的面积上要实现更多的功能，例如其中会有大量的电路验证模块㊀，因此目前已经发展出了在一块芯片上制作出层叠结构并在其间多层布线的工艺。先进的 CMOS㊁数字电路工艺已经实现了多个布线层的堆叠，如图 7-1-2 所示。

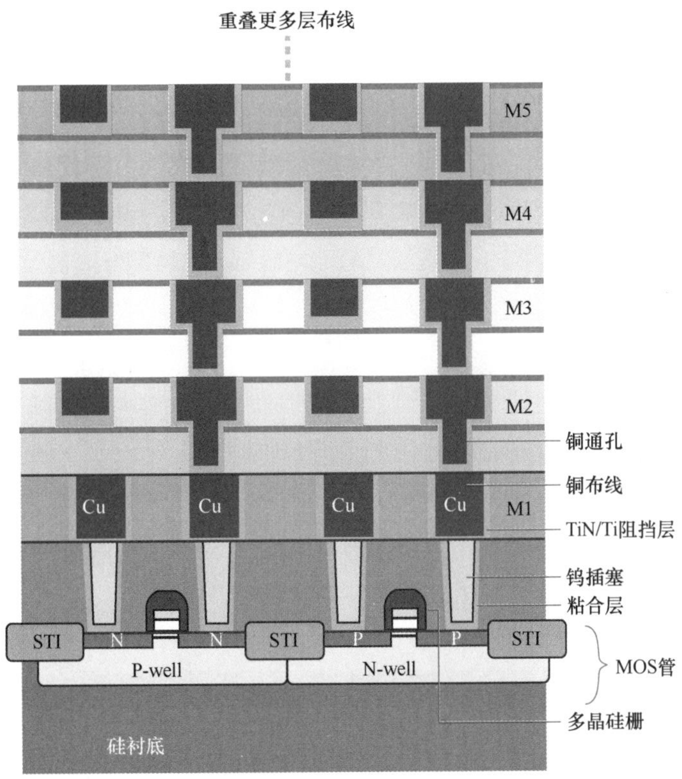

图 7-1-2　先进 CMOS 数字电路的剖面示意图

当然这只是一张示意图，和实际的集成电路芯片结构是有差别的，只是为了让读者直观地了解多层布线这个概念。

多层布线其实属于后段工艺。就像一场高尔夫球赛分为前段和后段，两段同样是有 9 个洞。而集成电路的制造过程中，后段工艺是比前段工艺更长的。

㊀ 电路验证模块：一种用来验证电路中某个动作是否完成的固定模块，也称为 IP 核。IP 是 Intellectual Property 的缩写，意思是一种具有独立知识产权的功能模块，用来保护设计者的知识产权。

㊁ CMOS：Complementary Metal Oxide Semiconductor 的缩写。由一对 NMOS 和 PMOS 器件将负载端接在一起构成的互补型器件，目的是降低耗电。可以参考 2-9 节。

7-1-3 电流方向的区别

前面看过了集成电路器件的垂直剖面图，这里再从平面图的角度，比较一下集成电路器件和功率半导体器件。两者的区别已经在1-6节中说过了，这里再提一下，如图7-1-3所示。前者有一个栅极，将两侧的源极、漏极隔开；后者是源极包围住了栅极，在晶圆的正面，而漏极则与之相对，位于晶圆的底面。电流从源极穿过晶圆到达漏极，要扩大电流的通路（沟道），就要扩大整个器件的面积。由于这些结构上的差别，集成电路和功率半导体的制造工艺就存在差别。

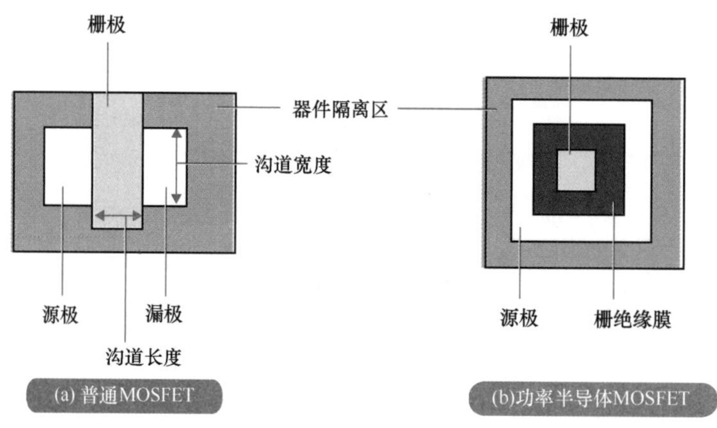

图7-1-3 普通MOSFET与功率半导体MOSFET的区别

7-1-4 晶体管的纵向结构

再从剖面图看一下器件的立体结构。

功率半导体为了流过大电流，耐高电压，通常会采用如图7-1-4所示的纵向结构。这种结构称为纵向双扩散MOSFET，英文写作Vertical Diffusion MOSFET，或缩写成VDMOSFET。在栅极施加电压后，在氧化层的下方形成P型反型层，即P沟道，器件进入导通状态。

综上所述，功率半导体与集成电路的器件构造有极大的不同，因此制造工艺也各不相同。下一节内容还将围绕器件结构的差异进行一些比较。从7-3节开始就会对工艺的每一个环节进行介绍。

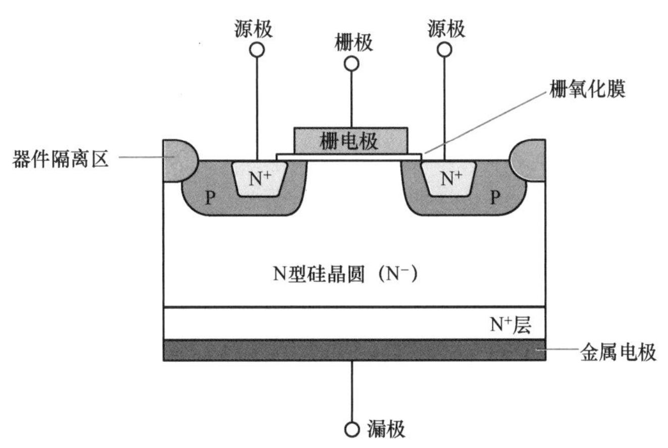

图 7-1-4　VDMOSFET 纵向结构示意图

7-2 器件构造的研究

功率半导体要兼顾耐压性和导通电阻，就需要仔细研究能满足要求的特殊构造，以及实现这些构造的工艺过程。

7-2-1　MOSFET 的各种构造

前面一节介绍了功率半导体所使用的 MOSFET 的特别之处，这里再补充一些内容。随着拥有高速开关性能的 MOSFET 的应用范围越来越广，人们研发出了各种不同的构造。如图 7-2-1 所示，采用 V 形沟槽，在降低导通电阻的同时，还增大了耐压性。我们在 3-6 节说过，降低导通电阻和提高耐压性是难以兼顾的两个方向，但是在这个构造中，通过提高 N^+层的掺杂浓度并减薄其厚度，降低了导通电阻，但耐压性也随之降低。为了保证耐压性，有人设计了 V 形的沟槽，其实变相增加了 N^+层的厚度，做到了导通电阻与耐压性的兼顾。但 V 形的底部过于尖锐，局部电场很强，会降低耐压性，因此改进成图 7-2-2 的 U 形沟槽，让电场分布变得平缓，不容易击穿。这个典型的例子告诉我们，功率半导体的设计中是如何兼顾耐压性与导通电阻的。

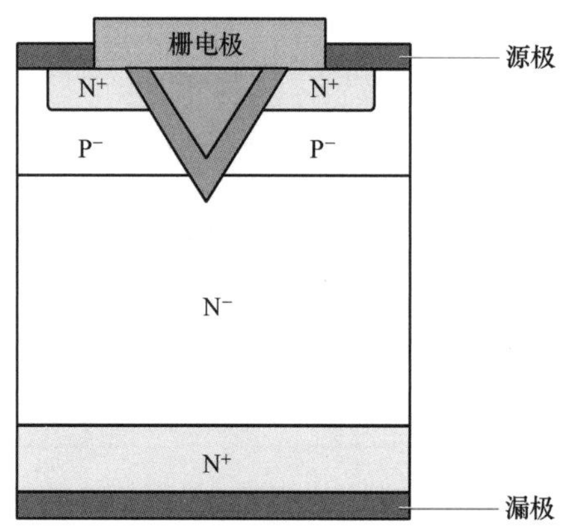

图 7-2-1　V 形沟槽功率半导体

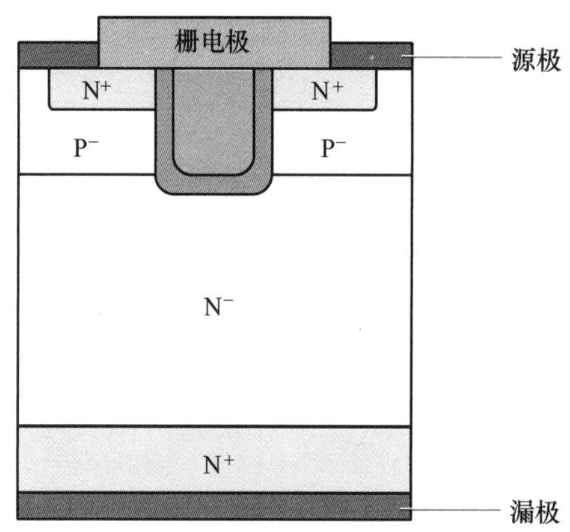

图 7-2-2　U 形沟槽功率半导体

7-2-2　V 形沟槽的形成工艺

V 形沟槽的斜面与硅晶圆本身的晶向不一样，需要用到湿法刻蚀中的**各向异性刻蚀**。如图 7-2-3 所示，要使用强碱性溶液，例如氢氧化钾（KOH）溶液，它对硅（100）面的腐蚀速度大于（111）面。腐蚀过后，（111）面会变成 V 形沟槽的斜面。不需要刻蚀的部分，用 SiO_2 覆盖保护。

集成电路的工艺中一般不使用这种各向异性刻蚀，但在最近的 MEMS[⊖] 器件的工艺中

⊖　MEMS：请参考 1-2 节。

有它的应用。

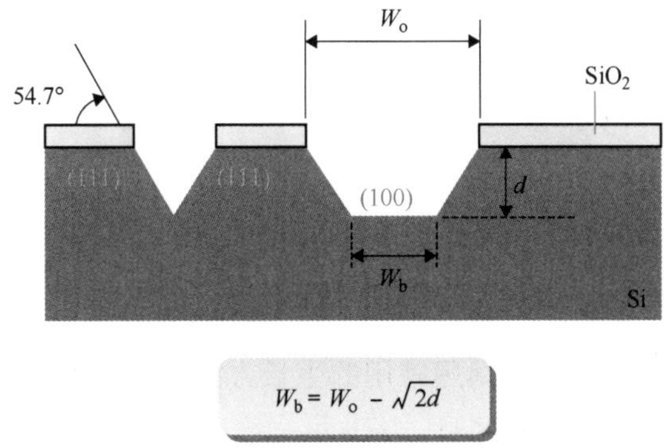

图 7-2-3　硅晶面上的各向异性刻蚀

7-2-3　U 形沟槽的形成工艺

V 形沟槽会在尖端造成强电场，导致器件容易击穿，为了防止这种现象，将其改进成 U 形沟槽。这种沟槽就要用到干法刻蚀中的**反应离子刻蚀**（Reactive Ion Etching，简称 **RIE**）。集成电路的浅槽隔离工艺（Shallow Trench Isolation，简称 STI）中也使用这种方法，将相邻的器件分割开来。图 7-2-4 表示了这个工艺过程，用光刻胶和氯气、六氟化硫等气体实现刻蚀。

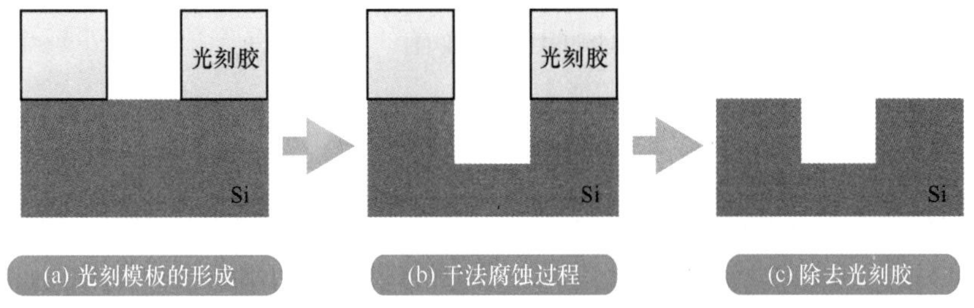

图 7-2-4　U 形沟槽的形成工艺

晶圆上制作好各籽晶体管结构后，为了让晶体管之间不互相影响，需要进行隔离。先在晶体管之间刻蚀出深的 U 形沟槽，然后在其中填入 SiO_2 进行绝缘。就好像稻田之间的田埂，或是每户家庭的院墙。画器件结构图的时候为了简明，这些部分经常省略不画，但实际上一般是存在的。

7-2-4 功率半导体独有的构造

重视速度的集成电路，与重视大电流的功率半导体功能不同，结构也就不同。下面的章节，我们就开始详细介绍功率半导体的各项工艺。

7-3 外延生长法的广泛应用

外延生长法是碳化硅、氮化镓薄膜常用的生长方法，但其实在功率半导体器件中也有应用，也就是在硅的衬底上外延生长硅。

7-3-1 什么是外延生长

外延生长，英文是 Epitaxy，或 Epitaxial Growth。其中词缀 epi-有“在……之上”的意思，-tax 有“序列”的意思。所以硅的外延生长，就是在硅衬底上，将外来的硅原子按照衬底本身的晶向，排列在晶格点上，不断累积，从而生长出新的、与衬底性质一致的晶体。在硅衬底上生长硅基器件，是相同元素的外延生长，称为同质外延（Homoepitaxy）。后面会讲到异质外延（Heteroepitaxy），用缓冲层来调节不同元素外延时晶格常数的差异。

以前，外延生长主要应用在双极型器件工艺中。例如在 N 型区上外延出掺杂浓度更高的 N^+型区域，或者相反，在 P 型区域上外延出 P^+区域，从而减小材料的电阻。

MOSFET 器件中，为了解决 CMOS 的闩锁效应㊀，一度有人提出用外延生长的方法，但现在已经不使用这种办法了。

外延生长时，需要将硅的化合物气体㊁，与掺杂气体（N 型掺杂使用磷烷 PH_3，P 型为乙硼烷 B_2H_6）混合通到硅衬底的表面，同时衬底被加热到 1000℃以上的高温。于是两种气体在硅的表面发生反应，反应得到的硅原子在衬底表面按照固定的晶向逐层排列，形成外延层。这样生长出来的硅晶圆，被称为外延硅。

功率半导体为什么要使用外延生长技术？前面说过，降低导通电阻对功率半导体来说很重要，而外延生长是降低导通电阻的方法之一，因为它可以调控外延层的掺杂浓度以及厚度，从而改变导通电阻。

㊀ 闩锁效应是 CMOS 电路所特有的寄生效应，会引起逻辑混乱甚至烧毁芯片。

㊁ 硅的化合物气体：含有硅元素的气体，主要是氢化物和卤化物。前者比如甲硅烷 SiH_4、乙硅烷 Si_2H_6。后者比如四氯化硅 $SiCl_4$等。

图 7-2-1 漏极上的 N^+层就是外延生长得到的。

7-3-2 外延生长炉

外延生长所需的生长炉，与半导体制造业中其他生长设备相比，最大的区别在于其拥有特别的加热装置，能够达到 1000℃以上的高温，通常会采用射频感应加热的方法。功率半导体所使用的晶圆尺寸都不大，可以采用批处理㊀方式，在旋转台上用**旋转托盘**或直立桶型装置一次性装入多片晶圆，进行外延生长。

前者的例子如图 7-3-1 所示，后者如图 7-3-2 所示。业界对它们也有很多别的称呼，比如前者叫作煎饼型或钟罩型，后者叫作圆柱形等。这些都是根据设备的外形命名的。日本国内外都有企业在生产外延生长炉，但相对于其他设备，参与的企业还是比较少的。

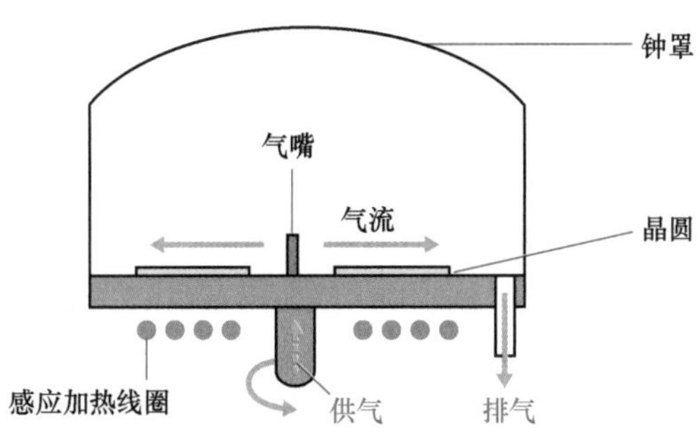

图 7-3-1 旋转托盘形外延生长炉示意图

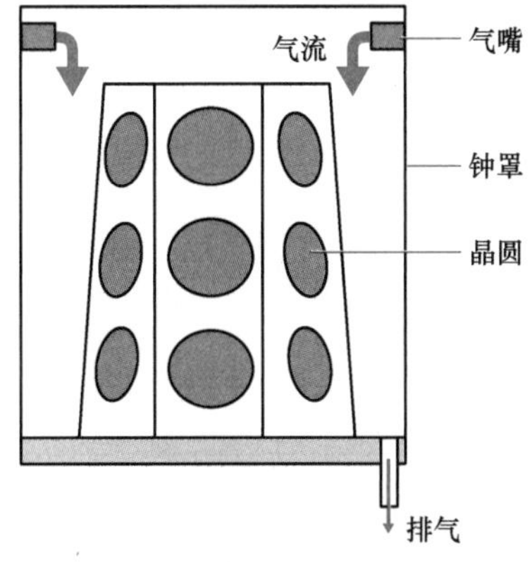

图 7-3-2 圆柱形外延生长炉示意图

㊀ 批处理：将多片晶圆同时处理的方式。与之相对，每次只处理一片晶圆的，叫作单片式。

IGBT 器件需要大量使用外延生长炉，所以日本有很多面向 IGBT 的设备制造商。

实际生长时，硅晶圆会被加热到 1000℃以上，因此工艺上还应该注意硅片翘曲的问题。此外还有自掺杂问题、图形偏移的问题。

自掺杂（Auto-Doping）问题是指，在原本已经高浓度掺杂的硅片衬底上外延时，衬底中的杂质原子会在高温下扩散到外延层中。即使衬底没有高度掺杂，硅中总是有 N 型或 P 型杂质，一样会随着高温扩散到外延层，引起外延层杂质组分的变化。这就是自掺杂现象，外延生长的时候不得不考虑这个问题。

图形偏移（Pattern Shift）问题是指，硅衬底上如果原本刻有图形，也就是存在高低差的话，外延层不会完全沿着原本的图形生长。这会导致光刻工艺所需的掩膜版对齐标志变得模糊和移位。关于掩膜版对齐的问题，请参考下一节的内容。

7-4 正反面曝光工艺

紧接着上一节提到的光刻问题，本节稍微深入地介绍一下曝光工艺。

7-4-1 反面曝光

首先说说为什么需要反面曝光。10-4 节中将会介绍，在制作功率半导体时，有时需要在晶圆背面制作一个类似续流二极管的器件。这个续流二极管是为了在器件进入截止状态的瞬间，能快速回收多余的载流子，使器件快速截止。

在功率型 MOSFET 的结构中，如图 7-4-1 所示，栅极下方的 P 区，与晶圆背面（器件

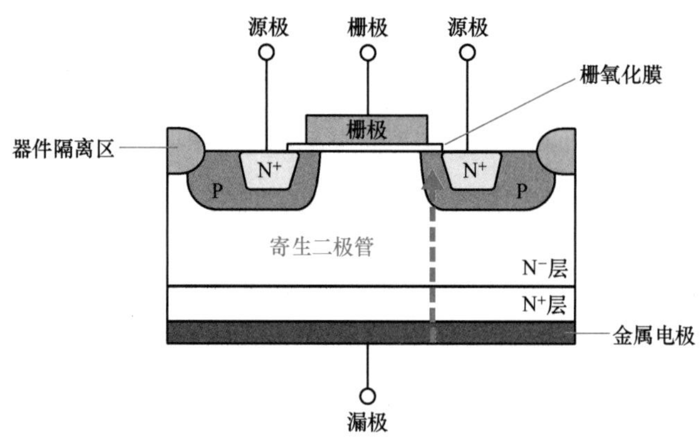

图 7-4-1　寄生二极管的原理示意图

的底面）连接漏极的 N^+/N^- 区，自然会形成一个二极管，这个管子是寄生在 MOSFET 内部的，所以称为**寄生二极管**（Body Diode）。这个寄生二极管就起到了上面续流二极管的作用，无须再制作。关于 N^+/N^- 区的情况请参考 7-5 节。

在许多器件的设计中，P 型区域、N 型区域乃至器件上的导线，在一定条件下都会形成 PN 结或三极管的结构。这些结构并不是出于设计的本意，所以称为寄生器件。上面的寄生二极管就是一个很好的例子。

7-4-2 什么是续流二极管

但是在 IGBT 器件中，并不会形成寄生二极管。为了实现前面所说的“让器件更快地截止”，就需要人为设置一个**续流二极管**（Free Wheel Diode，简称 FWD），使多余的载流子快速回收。功率半导体的工作电流通常都很大，截止的时候发射区会有大量过剩的载流子，需要很久才能消失，所以器件真正达到截止状态需要很长的时间。此时就可以利用这个续流二极管，反向并联在发射区和集电区之间，使过剩的载流子快速回收到集电区。注意这里二极管的单向导通特性。

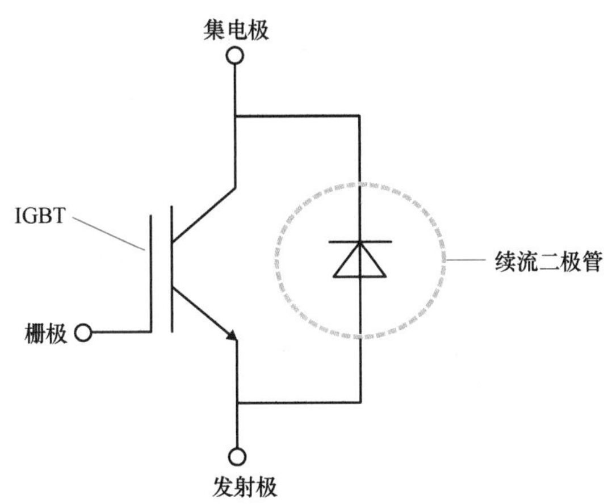

图 7-4-2 IGBT 器件反向并联续流二极管

为了在工艺上实现 IGBT 与续流二极管的组合，就在 IGBT 下部的双极型区域进行设计。如图 7-4-3 所示，在器件的背面 P^+ 区中制作一个 N^+ 区，就会在这个 N^+ 区域上方 N^- 区和 P 区之间形成二极管，类似图 7-4-1 的样子。为实现这个 N^+ 区，就要专门进行一系列的工艺。这就是为什么有些器件工艺需要反面曝光。

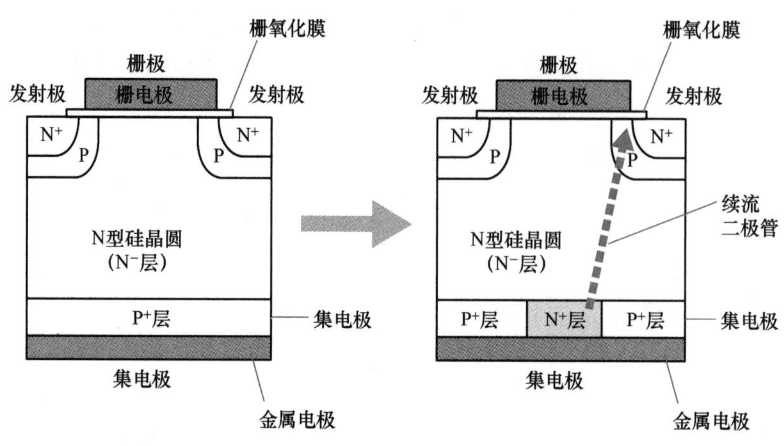

图 7-4-3 器件需要反面曝光的例子

7-4-3 反面曝光装置

反面曝光装置如图 7-4-4 所示。首先晶圆的承片台（Wafer Chucker）上有通光孔，CCD 摄像头的透镜组从下方向上，通过通光孔，对准上方掩膜版上的校准标记（Alignment Mark）。之后将晶圆背面朝上放在承片台上，再次对准透镜组和校准标记，晶圆的背面就与掩膜版完全对准了。

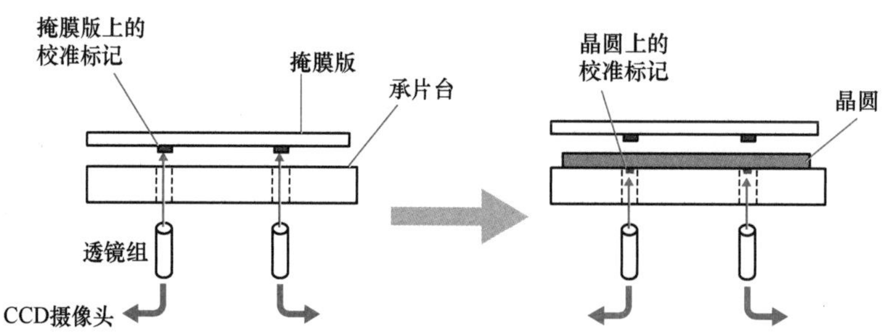

图 7-4-4 反面曝光装置

这样的校准和曝光方式，被称为接触式曝光（Contact Exposure）或接近式曝光（Proximity Exposure）。图 7-4-1 那样的器件就会采用这种接触式曝光。但是现在的集成电路工艺已经采用了更为先进的投影式曝光（Projection Exposure）。

但话说回来，对于功率半导体的光刻工艺来说，这样的校准和图像解析度已经足够了。曝光的光源采用高压汞灯。关于曝光和图像解析技术的发展过程，如果读者有兴趣，可以参考笔者的另一本书《图解入门——半导体制造工艺基础精讲（原书第 4 版）》。

能够制造这种两面曝光设备的企业，包括专门研发和制造半导体曝光设备的尼康、佳能等大厂。也有其他的光学仪器、半导体生产设备制造商，填补着大厂无法关注到的一些领域。

专栏：关于校准器的回忆

校准器，英文 Aligner，是用来将设备进行精确对准的装置。这里主要指光刻工艺中，接触式或接近式曝光所使用的校准装置。把之前已经光刻过、带有图形的硅片，与后续的光刻图案对准，进行进一步的曝光。用两个光学显微镜，对齐掩膜版上的两个对准标记，对 x 轴、y 轴、θ 角 3 个自由度进行精确调整，使晶圆与掩膜版对齐。

在以前技术不发达的年代，光刻出来的图形解析度很差。那时笔者经常受到上司的训斥："太粗糙了！"。当自己花了很多精力重新对准，得到表扬后，心里别提多开心了。

这都是 40 年前的事了。后来随着测量技术的发展，图形精度越来越高，半导体制造业进入了光刻机的时代。日本国内的设备生产企业一度占据优势，一直致力于双面曝光设备的研发。但其他国家也在涌入市场。本书只介绍了双面曝光在功率半导体方面的应用，其实该技术在 MEMS 器件上也大有用处。无论多么复杂多么小众的专业领域，对于设备制造商来说，都是重要的市场。

7-5 反面杂质激活

本节将讨论如何将晶圆背面的杂质进行激活。首先得了解什么是杂质激活。本节和下一节所举的例子，都与场截止型 IGBT 器件有关。

7-5-1 容易误解的杂质浓度

笔者向半导体初学者做一些科普讲座的时候，发现一种常见的错误理解。有人会理解为：所谓 N 型区域，里面就全部是 N 型杂质原子；所谓 P 型区域，里面就全部是 P 型杂质原子。

这样非此即彼的理解，过于简单，当然会出错。其实，所谓的 N 型区域，里面绝大部分还是硅原子，大约只有百万分之一的原子是 N 型杂质原子，这些原子把晶格中某些硅原子取代了，这才形成 N 型区域。前面所说过的 N^+ 区，就是 N 型杂质浓度比正常掺杂情况更高一些，而 N⁻区就是 N 型杂质浓度比正常掺杂情况更低一些。P 型区域的情况也是如此。

7-5-2 杂质激活的例子

场截止（Field Stop，简称 FS）型 IGBT 的模型，如图 7-5-1 所示。可以参考 9-4 节的说明。它的主要特点是背面有 P^+/N^+层掺杂，制作时需要将 FZ 晶圆减薄，从反面注入不同类型的杂质。为此，需要用到 3 种工艺：①下一节要介绍的晶圆减薄工艺；②反面杂质注入工艺；③将反面杂质激活的**反面退火工艺**。

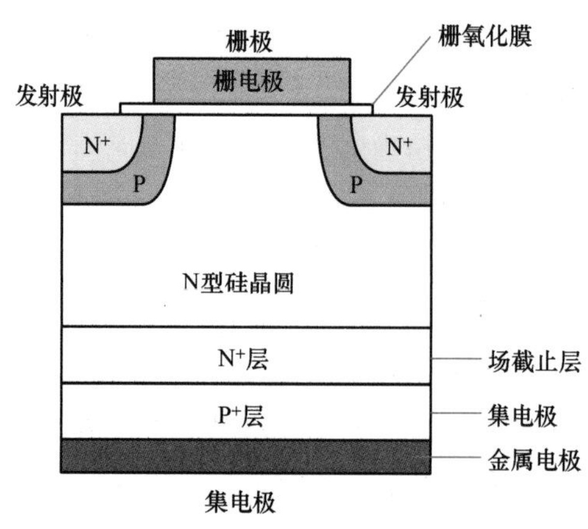

图 7-5-1 场截止型 IGBT 的模型

首先以轻掺杂的 N 型的 FZ 晶圆为基础，先在上面分别制作出发射区、基区、栅极，然后在晶圆背面进行研磨，直到晶圆厚度达到要求（参考下一节内容）。为了实现 FS 型 IGBT 器件，需要先注入磷（P）得到重掺杂的 N^+区，再注入硼（B）得到重掺杂的 P^+区。N^+区在器件中起到的作用正是将电场（Field）阻断（Stop）。然后对反面的这两层进行退火（Anneal）以激活掺入的杂质。要在比较厚的深度上对两层不同类型的杂质进行退火激活，这个过程是比较复杂的。

7-5-3 杂质激活的过程

杂质原子是通过离子注入法进入晶圆内部的，但并不是每一个进入晶圆的杂质原子都真正替换硅原子，占据了晶格位置。之后进行的退火，其实是在**热处理**（Annealing）**装置**中加热，使注入晶体的杂质原子获得热运动的能量，替换硅原子，占据其晶格位置。这样占据了晶格位置的杂质，就是激活了的杂质。没有激活的杂质，是无法真的起到杂质原子的作用，不能吸收或释放自由电子。常见的热处理装置，有石英退火炉、红外退火炉等。最近准分子激光退火（Excimer Laser Annealing）技术也越来越多地得到应用。

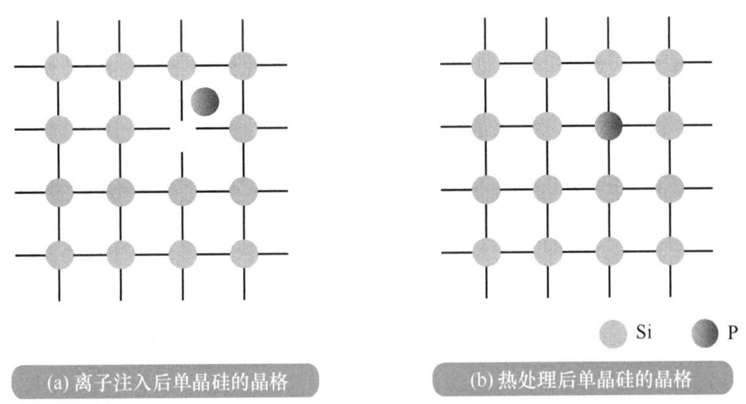

图 7-5-2　离子注入和热处理后的晶格示意图

IGBT 器件与常规的 MOSFET 器件相比，杂质激活工艺复杂得多，有许多不一样的地方。

另外，非穿通（NPT）IGBT 器件也要经过类似的工艺，但区别在于，在研磨过的背面，只需要注入硼这一种杂质即可。关于 NPT-IGBT 的知识，将在 9-3 节介绍。

7-5-4　激活装置的例子

这里以**红外退火炉**为例，如图 7-5-3 所示。红外线是指波长在 800nm 以上的光波，一

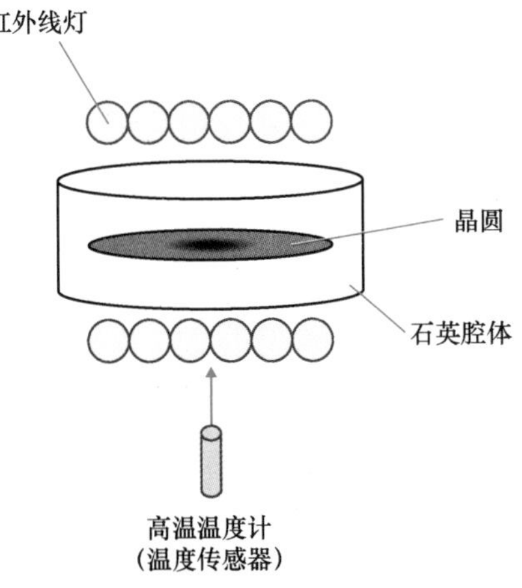

图 7-5-3　红外退火炉的示意图

般用卤素灯（Halogen Lamp）来产生红外线，并控制温度。退火炉内充满惰性气体，防止硅发生氧化。整片硅片吸收红外线以后，温度快速上升，所以这个装置又称为 RTA（Rapid Thermal Annealing）。即**快速热处理装置**。

图中所示的是单片式退火炉，每次只能处理一片晶圆。但是因为每一片只需要短时间的退火，所以总体的吞吐量㊀（Throughput）并不小。

7-6 晶圆减薄工艺

虽然把晶圆减薄工艺的介绍放在杂质激活的后面来介绍，但是必须注意的是，实际上晶圆减薄工艺都是在杂质注入、杂质激活之前进行的。下面还是以 FS 型 IGBT 为例，介绍如何进行晶圆减薄。

7-6-1 把晶圆厚度变薄

7-5 节说过，FS 型 IGBT 需要在晶圆减薄之后，再在背面进行掺杂，如图 7-6-1 所示。

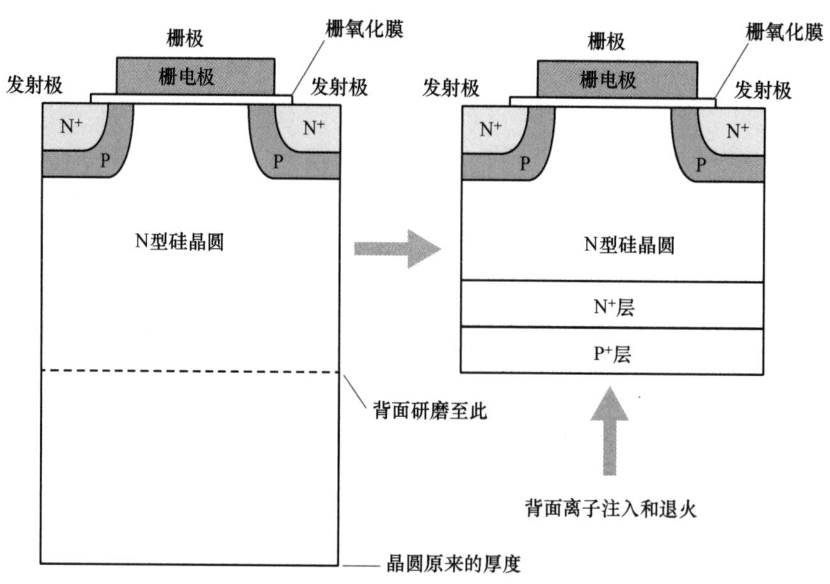

图 7-6-1　FS 型 IGBT 的晶圆减薄工艺示意图

㊀ 吞吐量：每小时处理晶圆的片数。

此时，晶圆的正面已经完成了发射区、基区和栅极的制作，需要对这些区域进行保护。如图 7-6-2 所示，首先对以上区域涂上保护树脂，然后将晶圆翻面，反面向上进行**背面研磨**(Backgrind)。

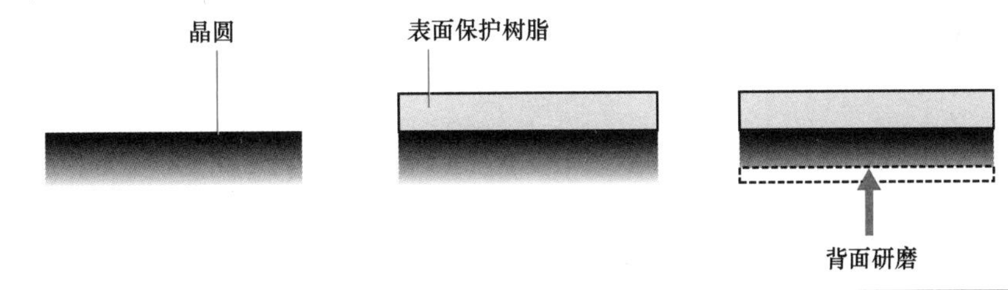

图 7-6-2　晶圆减薄工艺示意图

7-6-2　背面研磨

背面研磨是集成电路的后段工艺中的一道常规工序。

实际情况如图 7-6-3 所示，使用含有金刚石微粒的研磨轮（Grind Wheel），以约 5000r/min 的转速在晶圆的反面进行研磨。而晶圆正面朝下被真空吸附固定在工作台上。研磨轮上的**金刚石微粒**有不同的细密程度。一组研磨轮磨到一定程度后，就换更细密的研磨轮继续磨，让晶圆的表面越来越光滑平整。直到还有约 1μm 待磨余量的时候，改为化学抛光。化学抛光工艺，以前多利用化学药水进行湿法抛光，但现在也出现了干式抛光。

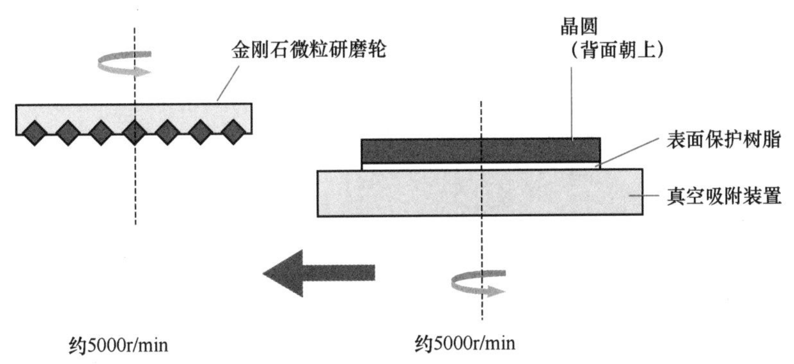

图 7-6-3　背面研磨的示意图

到此，背面研磨工艺全部结束，除去正面的保护树脂，进行后续的工艺。

7-6-3　倒角加工工艺

晶圆研磨之后要做什么？这里来进行说明。

倒角（Bevel）就是晶圆边缘小斜面的意思。以前说过，功率半导体要利用整片的晶圆进行加工。图7-6-4是一整片晶圆，晶圆的边缘倒角部分要进行粗加工㊀。为了防止在使用过程中晶圆边缘出现放电现象，就要对这个倒角进行绝缘层保护、磨光等工艺。

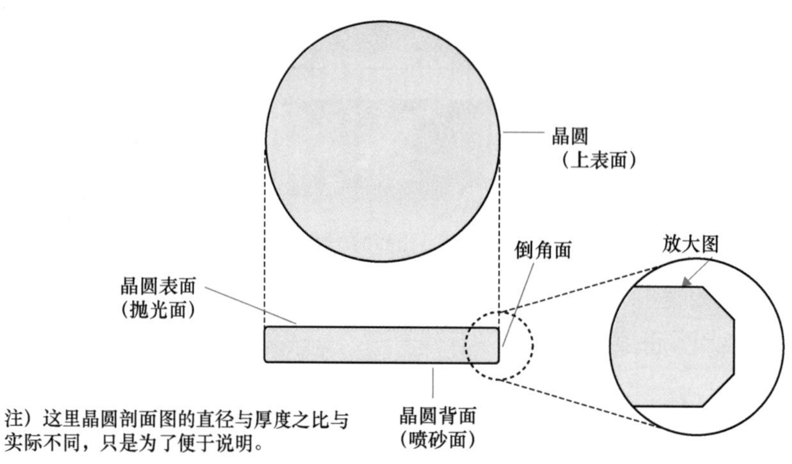

图 7-6-4　硅晶圆各部位的名称

另外，在7-3节所说的外延工艺中，晶圆的倒角位置比平面位置更容易累积原子，如图7-6-4中的放大区域，这些地方可能会外延出硅的晶体，突出在外，使整个晶体不平整，影响光刻等工艺。所以工艺过程中对倒角部分要格外留意。

在集成电路的工艺中一般不对倒角进行加工，因为这里不需要生长器件或薄膜。感兴趣的读者可以参考笔者的另一本书《图解入门——半导体制造工艺基础精讲（原书第4版）》。

7-7 后段工艺与前段工艺的差异

本节简单介绍一下半导体工艺中的后段工艺。对此内容比较熟悉的读者可先跳过这一部分。在介绍功率半导体的后段工艺之前，先对后段工艺的一般过程做一个描述。根据半导体器件种类的不同，所需要进行的后段工艺的内容也不一样。

7-7-1 什么是后段工艺

前段工艺（Front Process）与**后段工艺**（Back Process），或者其他地方会称为前工程

㊀ 粗加工：晶圆的正面要进行镜面抛光，抛光后会变成图6-1-2那样。同时，晶圆的边缘也要进行粗加工。

和后工程，两者之间有着很大的区别。前段工艺，主要是一系列化学和物理的加工过程，其中大多数的过程是无法用肉眼观察到的，只能通过加工之后的测试知道结果。与之相反，后段工艺主要包括晶圆减薄、芯片切割、键合等，都是能够用肉眼看到的机械加工过程。所以后加工与前加工的设备完全不一样。在半导体工厂（Fab）里，前段工艺、后段工艺的厂区多数是分开的。

后段工艺中随着各种机械加工的推进，加工对象的形态也在发生变化，依次是晶圆（Wafer）、**芯片**（Chip，或Die，更早时称为Pellet）、**封装**（Package）。所以，针对这些不同的形态，也要使用不同的装置在不同设备间运送它们。整个后段工艺的流程，包括各工艺所针对的加工对象，都画在了图7-7-1中。

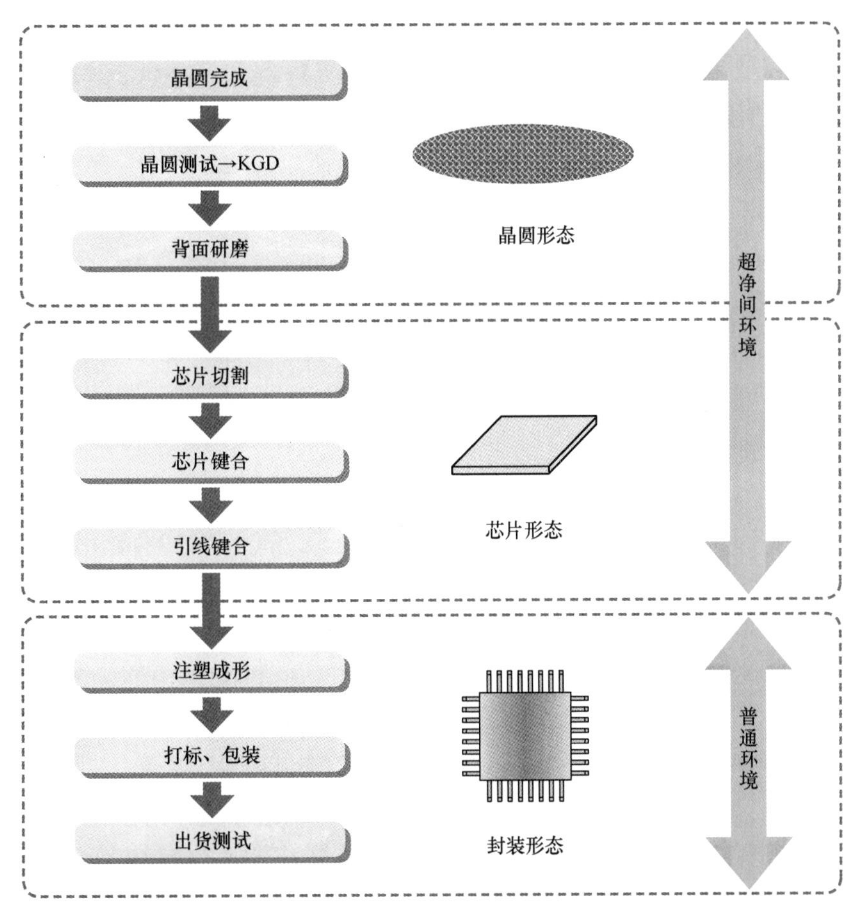

图7-7-1　后段工艺的流程和加工对象

前段工艺一定要在最高级的（Class1）超净间中进行。而后段工艺参考图7-7-1，在注塑成形（Molding）工艺之前，都要在一定等级的超净间中完成（比前段工艺要求的超净等级㊀低）。注塑成形之后，芯片就再也不会受到外部环境的污染，后续操作只需要在普通环境中进行就可以了。

7-7-2 后段工艺筛除不良品

后段工艺不同于前段工艺的另一个区别是，后段工艺要首先筛除不良品，使它们不再进入后续流程。不良品如果进入后段工艺继续加工，也只会产生不良的产品，白白浪费了资源。所以在前段工艺完成之后，一定要检测出不良品，也就是要为良品打上准许通过的标签。这个环节被称为 KGD（Known Good Die）。结合图 7-7-1，具体来说，就是先在晶圆测试（Probing）工艺中测出良品，并等待切割（Dicing）后进入后续工艺。测试是指在芯片还在晶圆中的状态下，利用芯片测试板（Pad㊁）和探针（Probe）来测试芯片的电气性质。

与之相比，前段工艺不测试，也不筛除不良品。因为如果此时要对芯片进行测量，就必然发生接触污染，不能再返回超净间的生产线上。所以前段工艺中，芯片并不做测试，而是全部流进后段工艺。但这样就无法第一时间得知芯片的质量，非常不便。实际生产中，人们会在正品硅晶圆（正片）中夹杂大量控片（Monitor Wafer，低成本的再生晶圆），一起进行前段工艺。控片上的芯片可以进行测试，测完也不用返回生产线，可以实时监控这一批产品的良品率（良率），并分析不良品可能的成因。用控片进行这样的测试，叫作在线测试。如果良率过低，则这一批产品全部淘汰，不能进入后段工艺。这样的工作模式可以参考图 7-7-2。

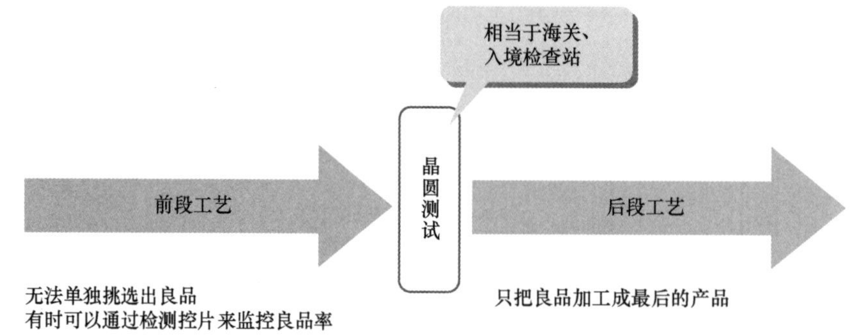

图 7-7-2 前段工艺与后段工艺的分界

㊀ 超净等级：后段工艺的超净等级，一般只需要 Class1000 或 Class10000 就可以了。Class1000 的车间每小时换气十几次。这些 Class 等级是日本企业的标准，数字越小等级越高。

㊁ Pad：用来竖立探针的装置。面积很大，分布在晶圆的周围。

功率半导体测试需要大电流，为此有专门的测试工艺，不光有晶圆级的测试，也有芯片级的测试。将功能相同的芯片集合在一起，并行化、模块化地进行测试，这种方法特别能够提高效率。

7-7-3 后段工艺中的差异

读者已经了解了功率半导体与集成电路的各种不同，那就是前者要处理大电流、大电压。所以，功率半导体的后段工艺也就具有自己的特点。后面的几节将举几个例子来说明功率半导体工艺的特点，就是按照图 7-7-1 的工艺顺序，从开始直到注塑成形这一步。其中的晶圆减薄就不再多说，因为它与 7-6 节的工艺在原理上是一样的，但要注意这两者一个在后段工艺，一个在前段工艺，的确是两个不同的工艺阶段，不可混淆。

顺带一提，对于半导体发光器件来说，发光面需要专门加工，为此就要在后段工艺阶段，为不同的产品开发出不同的封装工艺。可以说，后段工艺更加靠近产品，前段工艺更加靠近器件，这可能就是两者的差异。

7-8 切割工艺的小差异

本节将在芯片切割工艺上，对比功率半导体与集成电路的区别，并关注新型半导体器件的切割工艺。

7-8-1 什么是切割

切割，来自英文 Dicing。切割工艺，就是使用专用的金刚石刀片（Saw）将芯片[1]从晶圆上切割下来，以便之后进行封装。

晶圆经过晶圆测试和反面减薄之后，用专用的胶把晶圆黏附在**传送带**上，这样可以防止在切割后，小的芯片一片片散开无法收集。

如图 7-8-1 所示，切割晶圆用的刀片厚约 20~50μm，上面附有坚硬的金刚石微粒，可以切割晶圆。这样的**金刚刀**（Diamond Blade）以每秒万转的速度切割晶圆，因此会摩擦产生大量的热，所以一定要用水枪对准切割部位，高压喷射去离子水从而降温。同时，水流也可以冲走切割出来的碎屑。

[1] 芯片：英文写作 Chip 或 Die。更早以前的专业文献中写作 Pellet。

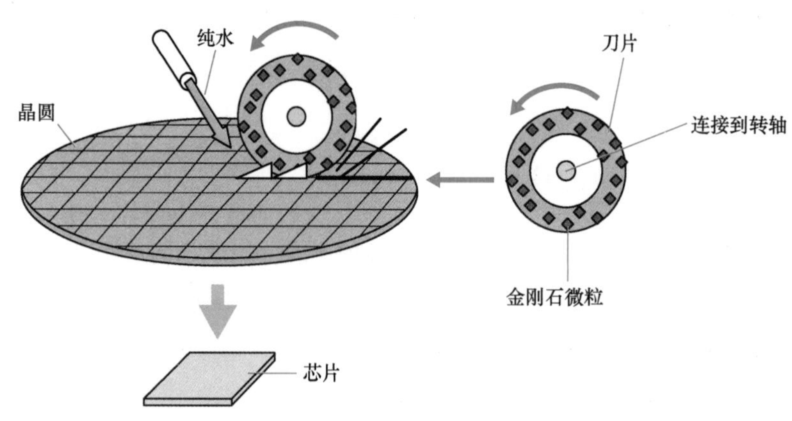

图 7-8-1　切割工艺的示意图

但是，使用去离子水喷射有可能会引起静电破坏㊀的问题，所以一般会在纯水中添加二氧化碳气体。如图 7-8-1 所示。还要注意的是，晶圆的固定，是先在晶圆背后贴一层黏膜，然后通过一个金属框架固定在传送带上，这个步骤在切割之前，叫作绷片。固定好的晶圆在切割后，芯片就能固定在原位。

运送晶圆使用的传送带，以前是用聚氯乙烯做的，现在采用伸缩性更好的聚烯烃。

顺带一提，Dicing 这个说法是一开始就定下来沿用至今的。之所以这样用，可能是因为最早的芯片面积非常小，小的像赌博用的骰子一样。而英文单词 Dice，作为名词就是骰子的意思，作为动词就是切割成小方块的意思。

另外，在切割时，根据切割深度的不同而有全切和半切之分，如图 7-8-2 所示。全切

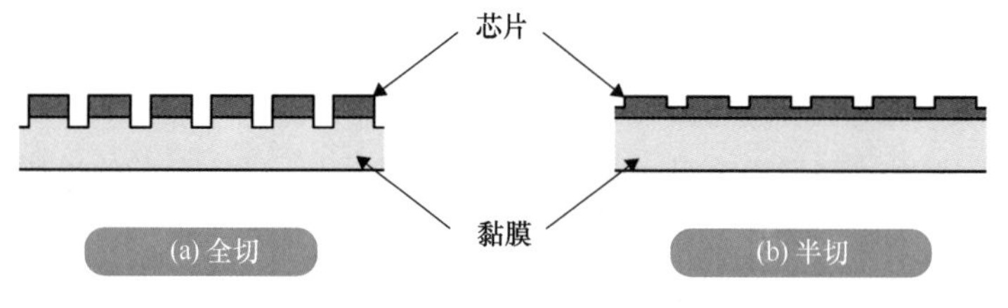

- 切割深度达到黏膜。
- 虽然加工时间长，但不需要将晶圆崩裂，不会产生碎屑。

- 切割深度不达到黏膜。
- 虽然加工时间短，但之后要用机械方法将晶圆崩裂，会产生碎屑。

图 7-8-2　切割深度的比较示意图

㊀ 静电破坏：去离子水中杂质离子含量非常低，因此电阻率很高。这样与晶圆表面的绝缘保护层高速摩擦后，就会产生静电，这些静电会破坏晶圆内的电路。在去离子水中通入二氧化碳，会降低电阻，从而避免静电破坏现象。

会切到背面的粘胶，把晶圆完全切断。而半切，只是在晶圆上留下凹槽。实际生产中，全切法比半切法使用得稍微多一些。

7-8-2 碳化硅芯片的切割

第 10 章将介绍能够替代硅材料的第三代功率半导体。其中基于碳化硅材料的芯片工艺已经问世，这里介绍一下它的切割工艺。

7-8-3 超声切割

碳化硅和氮化镓材料的硬度都远大于硅材料，所以人们考虑在切割时引入超声波震动。如图 7-8-3 所示，在用刀片切割的同时，使刀片上的金刚石微粒进行超声振动，就可以有效地提升碳化硅晶圆的切割效率。

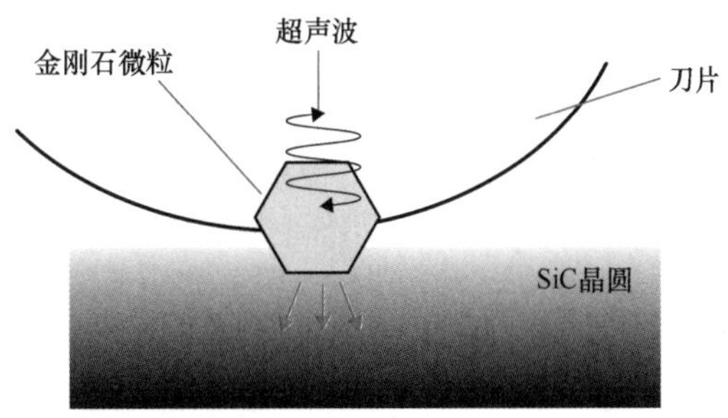

图 7-8-3　超声振动切割刀

另外，这些化合物半导体的切割设备是有专门的生产企业的，与硅材料的设备企业不完全一样。他们都在致力于新型半导体切割设备的研发。

7-8-4 激光切割

用激光取代刀片的想法也得到了很多关注。如图 7-8-4 所示，短波长激光可以将晶圆直接切断。虽然还没有在碳化硅材料上的实用化案例，但仍然是有意思的方向。非晶硅太阳能电池的切割工艺中，已经大量使用了激光切割的方式。与传统的刀片切割相比，激光切割的优点在于降低了设备的损耗，但缺点在于激光设备的维护和保养，这些还是需要克服的难题。

激光切割的正式说法是**激光烧蚀**（Laser Ablation）。其物理原理是，用短波长（高能量）的激光照射固体表面，高能光子可以使固体分子之间坚固的化学键断裂，被照射的部分分子迅速气化离开固体，于是固体被迅速割开，属于一种光分解反应，如图 7-8-5 所示。

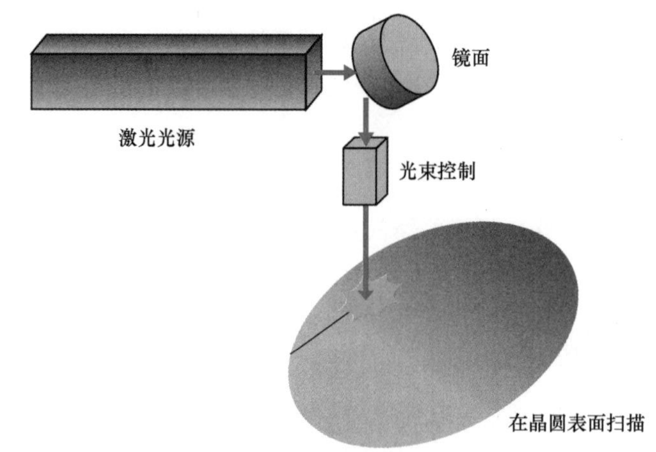

图 7-8-4　激光切割法的示意图

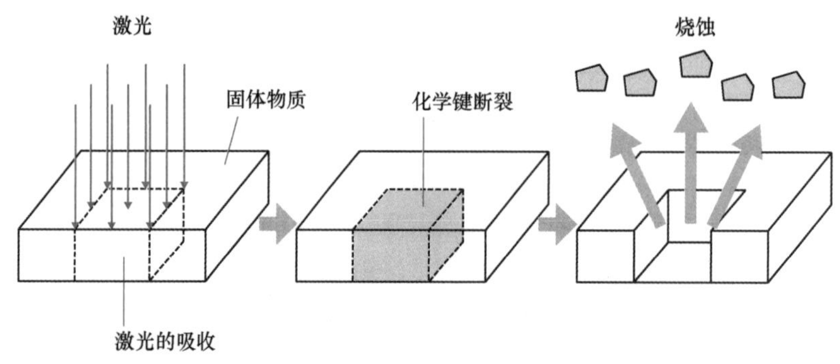

图 7-8-5　激光烧蚀法的示意图

7-9 芯片键合工艺的特点

芯片键合就是将芯片黏合到封装用的基板上。功率半导体与集成电路在这道工艺上也是有所不同的。这一节来介绍相关的内容。

7-9-1　什么是芯片键合

芯片键合（Die Bonding）是指将切割出来的芯片贴到基板上，并且进行电气连接，便于之后的封装。在英文中，键合完成后的芯片，区别于之前的 Chip，也被称为 **Die**[㊀]。

㊀ Die：英语单数 Die，复数 Dice，意思是很小的方块。和 Chip、Pellet 一样都是指晶圆上的芯片。不同国家、不同企业有自己习惯的叫法。

晶圆完成切割后，其中的良品芯片被选择出来，摆放在之后做封装的平台上，并用黏合剂固定位置。这一步就叫作芯片键合。具体流程如图 7-9-1 所示。首先，如 7-8 节所说，切割后的芯片被黏在有弹性的传送带上，不至于散落。在传送带的下方有顶出装置，将良品芯片顶起，同时芯片正上方有真空吸附装置，将顶起的芯片吸住，这称为拾起，然后运送到封装台。

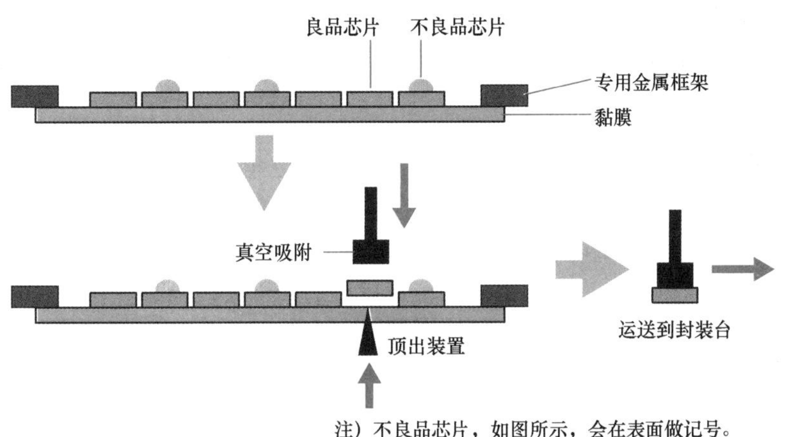

图 7-9-1　键合的工艺过程

7-9-2　功率半导体的键合

集成电路工艺中的键合，是使用环氧树脂或共晶合金，把芯片黏合在封装台上。而功率半导体工艺中，主要使用铅锡合金焊料。但这种铅锡合金法由于会在黏合剂中产生孔洞，还会引起界面空隙，产品的可靠性大大降低，所以必须设法改善焊料的浸润性，让焊料更平整，如图 7-9-2 所示。为了改善浸润性，就要对材料进行预处理，并且考虑到环保

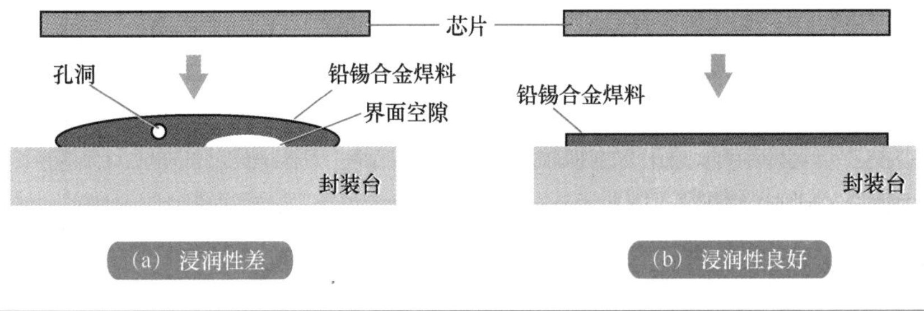

图 7-9-2　键合工艺的课题

因素，也要降低对铅的使用。在欧洲，根据RoHS㊀法令，从2006年7月开始，已经禁止电子产品中使用铅原料了。

在功率半导体的封装工艺中，也有小型化、高密度化的需求，所以在键合的控制精度方面提出了新的课题，同时也是对制造设备的新要求。

键合这个说法也是以前沿用下来的，另外也有Die Attach（贴片）或Mount的说法。半导体的工艺名称在不同的场合的确有许许多多不同的说法。又比如，前一节的切割（Dicing）工艺，在新设备研发出来之前，叫作Pelletize，是用金刚石笔一样的工具在晶圆上进行线切割，晶圆就像带凹槽的巧克力板一样。现在大家都知道PC这个词代表个人计算机（Personal Computer），但在笔者入行的那个年代，是表示Pellet Check。

7-10 引线键合使用更宽的引线

本节将介绍功率半导体的引线键合工艺。由于功率半导体相比于集成电路，需要流过极大的电流，所以也就需要用更粗的引线。

7-10-1 什么是引线键合

首先简单介绍一下什么是**引线键合**（Wire Bonding）。许多人见过集成电路的芯片，就像蜈蚣一样，有一个黑色长条状的外壳，并且有许多对引脚排列在外壳两侧。这种将内部芯片的引脚，与外壳引脚对接的工艺，叫作引线键合。

这种引线的材质通常是金（Au），有良好的导电性。大规模集成电路工艺中，引线宽度最小在15μm左右，比人的体毛（50~100μm）更细。金的纯度大约达到99.99%。使用金的原因是金的化学性质比较稳定，作为导线可靠性很高。

7-10-2 与引线框的连接

芯片上的引脚，此时被称为Bonding Pad，**键合盘**。引线框在芯片的外围，引线框与芯片键合盘的引线称为内侧引线。自动焊接机以每秒10根线的速度连接这些引线。以前有些广告片中会播放电视机等电子产品的生产过程，里面就会有这种自动连线的画面，可能有人是见到过的。

㊀ RoHS：Restriction of Hazardous Substances的简称，关于限制在电气设备中使用某些有害成分的法规。在欧洲范围内对电子产品中的有害物质进行限制。

说点题外话。在自动焊接机发明以前，引线都是通过人工方法，一根一根连接出来的，笔者就曾经亲手操作过。那时候的电子厂里，采用人海战术，大量地雇佣心灵手巧的女工来做这个工作。

引线键合过的芯片和引线框的示意图，如图 7-10-1 所示。

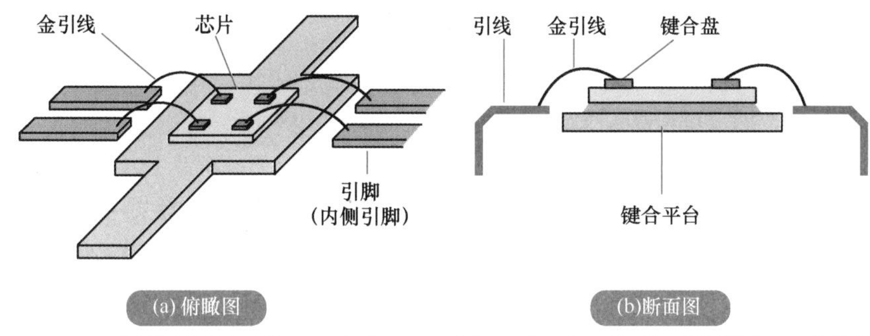

图 7-10-1　引线键合过的芯片和引线框的示意图

另外，像 7-7 节所说的，引线键合工艺和后续的注塑成形工艺，都是在超净间中进行的。

7-10-3　关于铜引线

功率半导体由于需要流过大电流，所以不能像前面那样用细的金线来键合。

金线不能做得很粗，因为材料成本会很高。实际上都是用铝线来代替。但是，为了流过更大的电流，也有人开始尝试用铜导线。

最近集成电路工艺中已经开始引入**铜线键合**。铜的成本只有金的 1/5 ~ 1/3。功率半导体中所使用的铜引线从外观上看，比金线粗十倍以上，如图 7-10-2 所示。这就不能使用集成电路工艺中的球形键合（Ball Bonding），一般是使用**楔形键合**（Wedge Bonding）。

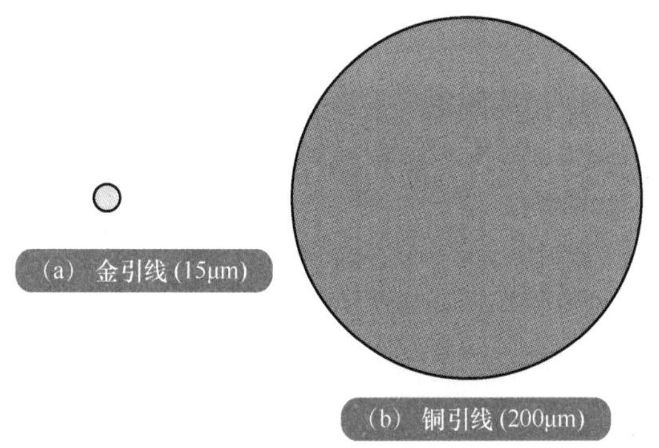

图 7-10-2　引线直径比较图

球形键合，就是把金线的头部加工成球形再进行键合的工艺，因而称为球形键合。

7-10-4 什么是楔形键合

楔形就是斜坡的意思。楔形键合就像图7-10-3那样，把楔形头压在引线上，对楔形头施加超声振动，在常温下就可以使金属固定在基板上。这样即使是很粗的铜引线，也可以进行键合了。铝引线也是使用这种工艺。

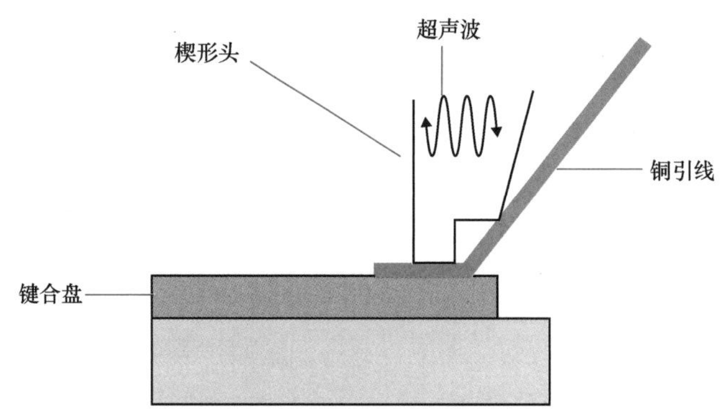

图7-10-3 楔形键合的示意图

7-11 封装材料的不同

对于新型功率半导体来说，封装材料应该从自身独特的需求（主要是耐热性的角度）去考虑。下面通过与集成电路封装材料的对比来进行介绍。

7-11-1 什么是封装材料

首先简单介绍一下关于封装的知识。芯片在完成芯片键合和引线键合之后，需要进行**注塑成形**（Molding），把整个芯片密封保护起来，就像用饺子皮包住饺子馅儿。先是用模具把芯片上下包住，然后注入环氧树脂把模具内部填满。这种用来起到保护作用的材料称为**封装材料**。

7-11-2 注塑成形的工艺流程

首先说一下带有引线框的注塑成形工艺，这种一般是最常用的。如图7-11-1所示。把引线键合后的芯片，连同引线框一起，放到注塑机的“下模”上。然后把“上模”对准并

盖在上方，芯片就位于上下两片模具之间形成的空腔（Cavity）里，同时对上模和下模施加压力保证密封性。在下模的一角有一个投料罐（Pod），已事先注入液态的环氧树脂塑封料（Epoxy Molding Compound，简称 EMC）。在模具上下密封之后，用注塑杆（Plunger）将投料罐中的 EMC 压到模具的空腔里，把空腔完全填满并把芯片全部包裹住。这样就完成了注塑。

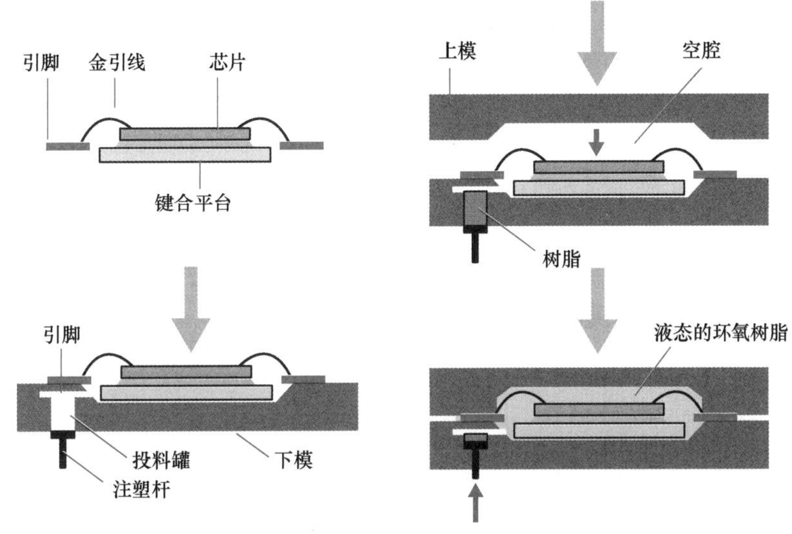

图 7-11-1　注塑成形工艺流程

这样注塑工艺与前面 7-1 节到 7-5 节所说的晶圆的工艺完全不一样了，这样是不是更能理解何为后段工艺了呢？前面也曾经说过，从最初直到注塑成形这一步，芯片都是暴露在空气中的，为了不受污染，所有的工艺只能在超净间里进行。但在注塑成形之后，就不再需要超净间了，可以进入普通环境进行操作。

另外，图 7-11-1 中为了方便，只是画了一片芯片的工艺过程。实际生产中，为了提高效率，当然都是对大量芯片统一进行处理的。

7-11-3　树脂注入及硬化

如图 7-11-1 所示，热固型的 EMC 被事先注入模具的投料罐中，投料罐位于芯片与芯片之间的位置。模具封好之后，EMC 就被注入模具空腔中。这种注塑方式称为**递模法**（Transfermolding）。模具保持 160~180℃的高温，EMC 在其中渐渐固化最终成形。之后除去模具，完成了整个芯片封装。当然，之后芯片还要经过长时间的高温处理，使 EMC 硬化得更完全，并且消除其中的应力。

7-11-4 对树脂材料的改进

前面说过，功率半导体的引线键合中，必须使用铜线。铜相比于金，耐腐蚀性很差，所以必须专门为它开发出新的，不含有卤族元素（氯，Cl）的树脂材料。

硅材料芯片的温度上限在150℃左右。作为第三代半导体材料的碳化硅，以及比它稍早的氮化镓材料，工作温度上限在200℃以上。所以在众多宽禁带半导体材料中，碳化硅和氮化镓有着独特的优势。

这也就对传统封装树脂的耐热性提出了要求。于是有人开始研发新型的**耐热树脂**来满足新型功率半导体的要求。图7-11-2所示是一种**纳米复合材料**（Nanocomposite）树脂，是把一些无机材料分子，分布在一种聚硅氧烷（Polysiloxane）有机树脂材料中而形成的。

这就是为了满足器件的温度上限，而研究耐热材料的例子。除此以外，还有许多新的技术正在致力于第三代半导体的后段工艺的开发。

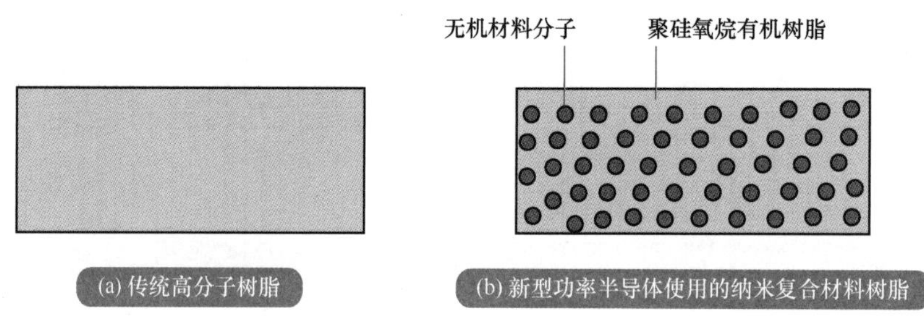

图7-11-2 新型功率半导体的封装材料

CHAPTER 8

第 8 章

功率半导体生产企业介绍

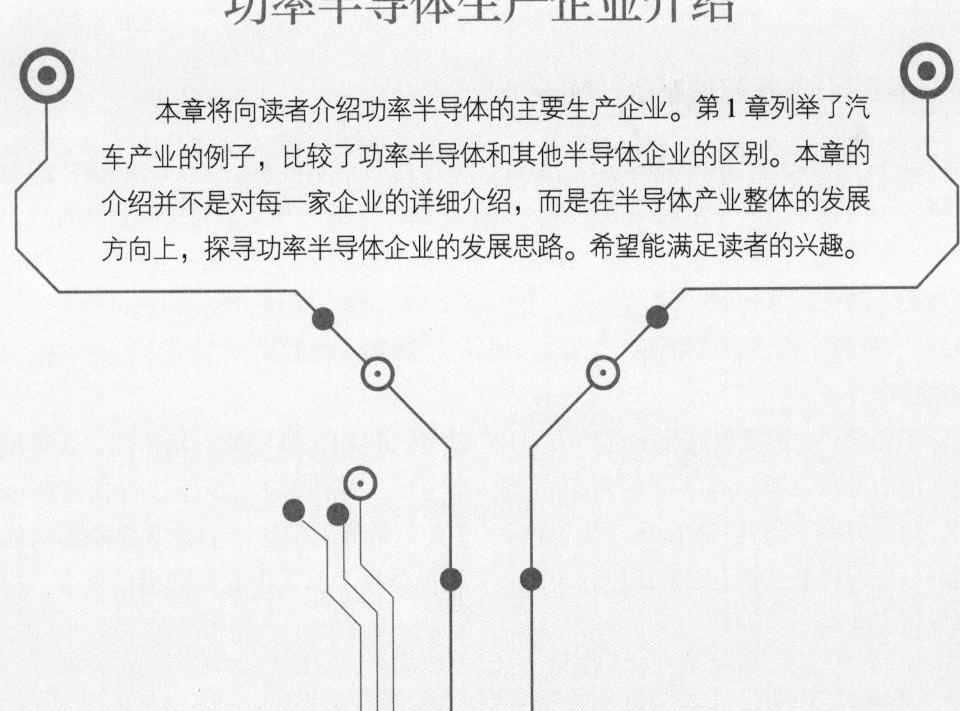

本章将向读者介绍功率半导体的主要生产企业。第 1 章列举了汽车产业的例子，比较了功率半导体和其他半导体企业的区别。本章的介绍并不是对每一家企业的详细介绍，而是在半导体产业整体的发展方向上，探寻功率半导体企业的发展思路。希望能满足读者的兴趣。

8-1 摩尔定律路线图走到尽头

本节将把功率半导体与集成电路进行对比，说明它在国际半导体市场中所占的地位。

8-1-1 深度摩尔（More Moore）与超越摩尔（More than Moore）

这里我们将从整个半导体产业发展路线的角度来看。前面曾经提到，如今与半导体器件、工艺有关的入门书籍，绝大多数是从大规模集成电路的角度来进行介绍的。这也不无道理，毕竟半导体市场中集成电路占有着主要份额。显然，集成电路追求器件的小型化、集成化，以降低成本，这是产业的发展推动力。集成电路几十年的发展，从技术指标来看，满足登纳德缩放比例定律（Dennard Scaling），而从产业发展速度来看，满足摩尔定律（Moore's Law）。而近年来，很多人认为这两条定律即将走到尽头。为了使发展速度能继续跟上摩尔定律的节奏，人们发展出了深度摩尔（More Moore）的路线。与之相关的书籍很多，包括笔者的《图解入门——半导体制造工艺基础精讲（原书第4版）》，希望读者可以参考。

8-1-2 什么是超越摩尔（More than Moore）

有人提出深度摩尔（More Moore），也有人提出超越摩尔（More than Moore）的新路线。区别在于前者是沿着摩尔定律的路线（器件小型化）继续开发。而后者意味着跳出摩尔定律的发展模式，不再寻求器件的小型化，而是从更多样化的系统整合设计，比如把原来不同种类的芯片封装进同一块芯片里，这块芯片就是整个系统（System on Chip，SoC，片上系统），这样来提高系统效率。笔者喜欢把这个路线叫作脱离摩尔定律；也有人说是脱离缩放定律。

全球半导体产业的发展路线图都是由ITRS㊀这个国际机构制定的，超越摩尔的路线也是如此。他们把可以整合在一起的对象做了一个分类，如图8-1-1所示，包括模拟电路（无线技术）、功率半导体、MEMS（传感器）、生物芯片等。把这些非数字电路的功能也封装到同一块芯片里，要比原来那样分布在一大块电路板上，工作效率会提高很多，功能也更多样化。

㊀ ITRS：International Technology Roadmap for Semiconductor 的简称，国际半导体技术发展路线图组织。如今这个组织已经解散，取而代之的是IDRS（国际器件和系统路线图）组织，不再局限于小型化的发展方向。

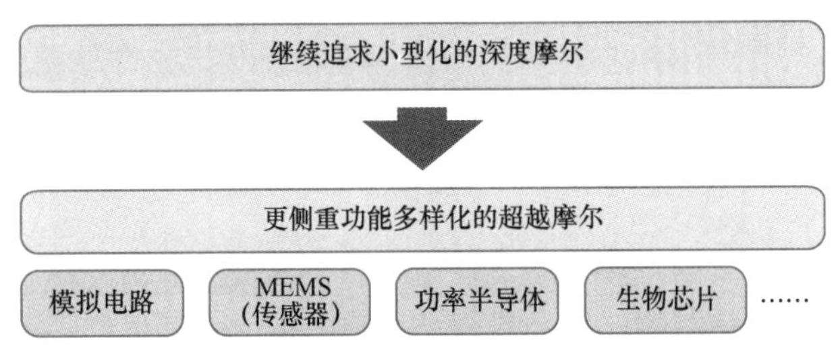

图 8-1-1　超越摩尔路线图中的功率半导体

但这个分类给笔者的印象是：从那些一直致力于推进集成电路的微型化，或者说摩尔定律路线图的拥护者的角度来看，功率半导体仿佛是要被集成电路整合的对象之一。然而实际上，功率半导体一直是一个独立的产业，它的起步比集成电路还要早一些，并不是最近才产生出来的。作为功率半导体领域的一名长期从业者，笔者认为集成电路才是那个后起之秀，把功率半导体列入超越摩尔路线的一个分支，实在不合理。过分强调器件的小型化，是从 ITRS 2007 版开始的。而如今，业界公认小型化路线已经快要接近器件的物理极限，也就是快要走到尽头。而功率半导体，其实从不追求小型化，而是有自己独特的发展路线，希望读者能够明白这一点。

笔者把上面这些思想画成了图 8-1-2 这幅漫画。功率半导体并不是随着超越摩尔的潮流而出现的新生事物，而是与深度摩尔始终并驾齐驱的另一条发展道路。

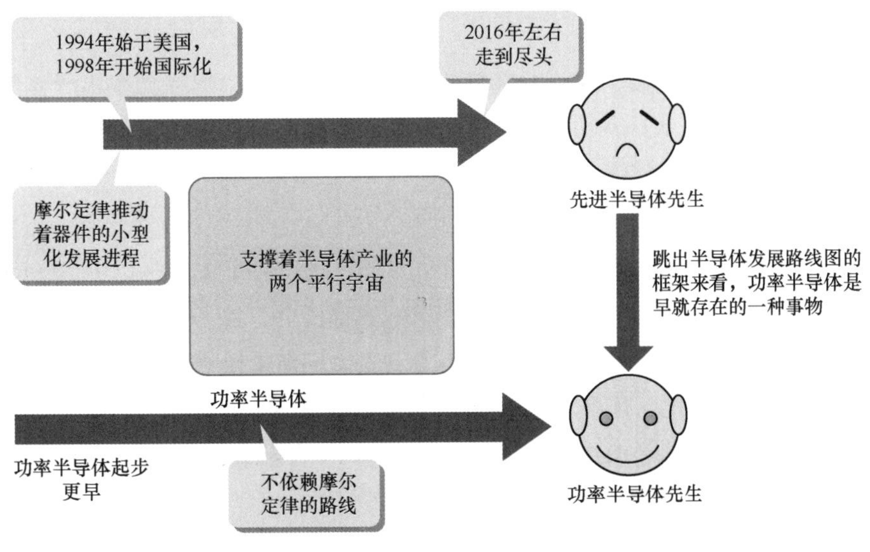

图 8-1-2　功率半导体的比喻

专栏：路线图就是领跑者

先进半导体的路线图可以看作一场马拉松比赛，也可以看作一位与其他选手拉开差距的领跑者（Pacemaker）。领跑者的意义很容易理解，带领着其他选手奔跑，同时也是其他选手的追赶对象。比赛需要有领跑者，但是如今，ITRS这个组织已经不存在了，这场马拉松成了无人领导的比赛。谁会胜出成为新的领跑者，这将是一个很有意思的问题。

换个角度，如果把集成电路和功率半导体比作火车，集成电路就像高速新干线列车，而功率半导体就像长途货运列车。新干线列车为了让旅客更快地到达目的地，不断开发速度更快的车辆。而长途货运列车讲究的是把更多的货物安全稳妥地运到很远的目的地。当然，货运列车中也有特快列车。前不久，日本东北地区受地震影响，部分新干线列车停运了一段时间。于是，新干线什么时候恢复通车，就成为人们日常关心的新闻。但是在旧轨道上运行的长途货运列车什么时候恢复通车，却没有被新闻关注。实际上，正是货运列车在支撑着日本的物流运转。某种意义上，货运列车和“无名英雄”功率半导体（第1章所说）真是同病相怜啊。

8-2 气势高涨的“日之丸” 功率半导体

日本半导体行业在存储器、先进数字电路上都遇到了挫折，但在功率半导体领域却保持领先。本节将为读者揭示日本功率半导体的发展方向。

8-2-1 “日之丸”半导体的衰弱

在20世纪80年代后期，日本半导体在全世界的市场占有率在50%以上。1985年世界半导体企业前五名中，日本的NEC、日立、东芝三家都榜上有名，根据笔者所查到的资料，它们分列第1、第4和第5位。而当时的第2和第3位分别是摩托罗拉和德州仪器（TI）。

但到了2020年，市场占有率最大的前五名企业分别是英特尔、三星、海力士（SK Hynix）、美光（Micron）和高通（Qualcomm）。这三四十年里，产业内一直在发生着激烈的竞争，可以说是你方唱罢我登场。

图8-2-1给出了2020年半导体销售额Top10榜单，以供参考。上榜的日本企业只有东芝存储器公司（Kioxia），这是一家是从东芝独立出来的内存生产商。从20世纪80年代到现在始终榜上有名的，只有英特尔和德州仪器。时代的变迁真是让人感叹。

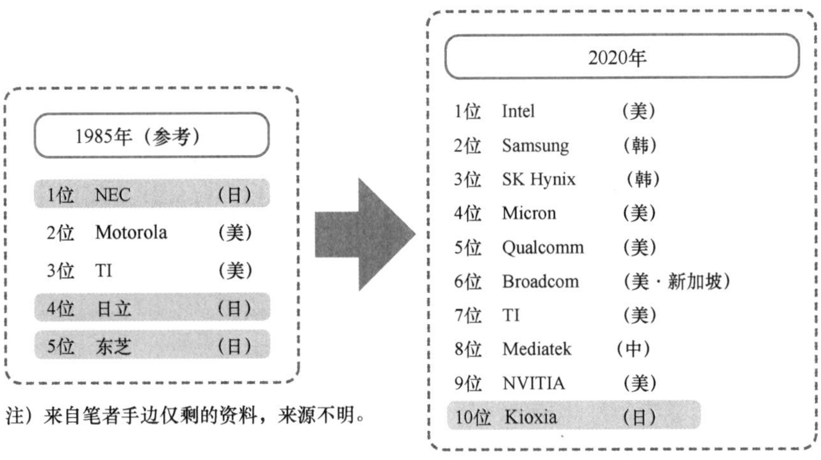

图 8-2-1 1985 年和 2020 年半导体销售额 Top10 榜单

日本半导体产业大幅衰落，是随着 2000 年以来互联网泡沫的破碎开始的。之后，正如大家所熟知的，半导体业界就开始了重新整合。代表性的例子有，日立和三菱电机的半导体部门合并，在 2003 年成立了如今的瑞萨（Renesas），后来 NEC 的电子部门也加入了进来。另外，同样是日立、三菱和 NEC 这三家公司，又把各自的存储器部门合并在一起，1999 成立了尔必达（Elpida），专门生产动态存储器 DRAM，但 2012 年尔必达又被美光（Micron）收购。本书并不想过多地挖掘这些历史，所以这段往事就简单说到这里。

8-2-2 半导体制造业的范式转换

日本半导体制造业原先是以综合性电气企业和家电企业为中心发展起来的。半导体器件逐渐取代了古老的整流器、真空管等，成为主角。在这一点上，欧美等先进国家也是如此。在这样的模式下，各大企业以自己的半导体部门为中心，自主研发新的设备和工艺。但随着半导体市场的不断扩大，企业发现，相比于独自完成所有的生产，不如把生产环节外包给专业企业，这样更能节约成本。就此形成了一种范式转换，就像图 8-2-2 那样。于是就催生出了高通（Qualcomm）、联发科（Mediatek）这样的 **Fabless** 企业㊀，以及台积电（TSMC）和 Global Foundry 这样的**代工厂**㊁（**Foundry**），并一直延续至今。

㊀ Fabless 企业：只进行产品设计，没有生产线，而把产品生产外包给其他生产企业的半导体公司。
㊁ 代工厂：从 Fabless 企业那里承包产品生产任务的企业。

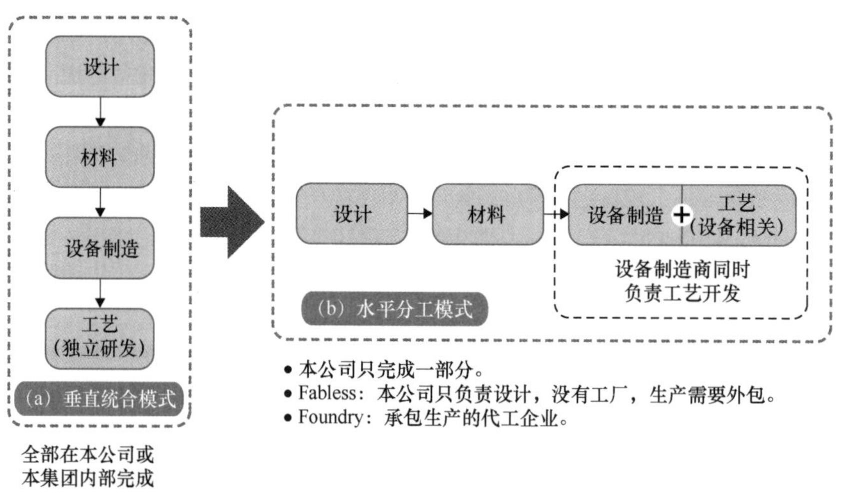

图 8-2-2　半导体制造业的范式转换

还要说明的是，随着这样的范式转换，半导体的工艺开发任务也被交给了生产设备的制造商，购买他们的设备，就可以同时获得生产工艺。毕竟，并不是说今天买了生产设备，明天就可以马上开始生产半导体了，设备和工艺是不可分割的。

8-2-3　不容小觑的功率半导体制造业

第7章详细介绍了功率半导体的制造工艺。不难发现，功率半导体的制造工艺，是与集成电路大不一样的，有其独特的构造和工艺过程，看起来没有集成电路那样先进、讲究效率。

日本的半导体企业都走上了先进半导体工艺的道路。但尽管如此，我们不得不承认，就像图8-1-2提到的半导体界的平行宇宙，先进半导体其实在苦苦追赶着功率半导体的发展脚步。这么说的依据是，日本企业在存储器、先进数字电路等领域均陷入苦战，但在功率半导体领域却占据着世界市场的半壁江山。

举个例子，功率半导体中的IGBT器件，日本的三菱电机、富士电机、东芝三家公司占据了世界市场的6成。另外，图8-2-3中功率半导体业界的Top10榜单中，日本独占4家。日本在功率半导体领域的强势地位，是今后半导体行业发展战略中，必须充分重视，并且积极发扬的最大优势。

在东亚地区，目前还没有新的企业能在这个领域里挑战日本。这些都是日本功率半导体业界的独特现状。

排名	企业	国家
1位	英飞凌	（德）
2位	安森美半导体	（美）
3位	三菱电机	（日）
4位	意法半导体	（意·法）
5位	富士电机	（日）
6位	东芝	（日）
7位	瑞萨	（日）
8位	阿尔法&欧米伽	（美）
9位	Nexperia	（荷）
10位	Vishay	（美）

来源：英国Omdia公司

图 8-2-3　世界功率半导体企业 Top10 榜单

图 8-2-3 中所列的是世界功率半导体界 Top10 的企业，与图 8-2-1 的榜单中那些半导体巨头相比，远没有那么大的知名度。果然，就像我们在第 1 章说的，功率半导体都是无名英雄啊。我们将在 8-5 节中介绍这个榜单中的欧洲企业，美国企业将在 8-6 节中介绍。榜单中第 8 位的美国企业阿尔法 & 欧米伽，全称叫作阿尔法 & 欧米伽半导体，是 2000 年创立的功率半导体专业生产企业。日本的企业将在 8-3 节和 8-4 节介绍。

8-3 保持垂直统合模式的综合性电气企业

日本半导体企业历史悠久，既有垂直统合模式的综合性电气企业，也有以家用电器为中心的生产企业。随着半导体业界越来越走向横向性企业模式，功率半导体将会面临怎样的未来呢？

8-3-1　日本功率半导体发展的渊源

自从威廉·肖克莱发明了晶体管，日本就很快学到了这个技术，并且着手建立起了自己的半导体产业。综合性企业也好，家电企业也好，还是通信设备企业也好，都已经从老式的真空电子管升级到了晶体管的时代。

8-2 节在举 IGBT 的例子时，提到的三菱电机、东芝和富士电机三家企业，可以归类到重型电机企业，并且前两者同时也是综合性企业。图 8-3-1 列出了日本重型电机势力最强的 5 家企业，其中的前 3 位都是综合性企业。由此可见，综合性企业的确是日本半导体企业的支柱。后 2 位的公司里，富士电机把自己的信息通信部门独立了出来，组成了大家熟知的富士通公司。明电舍与 NEC 一样同属于住友集团旗下，所以如果把这两家公司的组织关联性也考虑进来，那么这个列表中的 5 家公司，其实都可以算作综合性企业。其中的 4 家企业都有自己的功率半导体产品。所以功率半导体的发展，与其说是依靠那些专业企业，不如说更应该归功于这些规模巨大、资本雄厚的传统综合性企业，以及家电企业所打下的基础。不光是日本，欧美企业也是这样的情况。

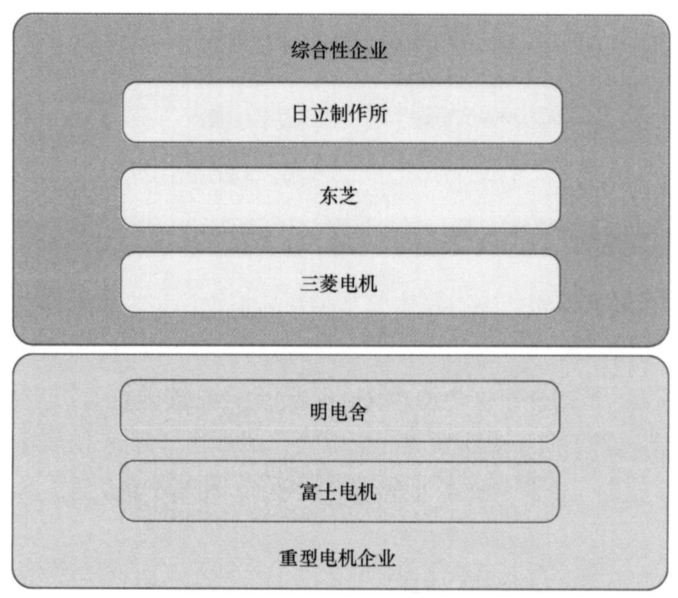

图 8-3-1　日本重型电机企业 5 强

正如 8-2 节所说的，这样的企业模式下，优势与劣势都是显而易见的。在一定的意义上，具有某种优势，也就必然具有某种劣势。

前面说到这其中的 4 家企业自己生产功率半导体产品，他们都是在半导体产业发展之初就已经踏入了电力电子行业，见证了功率半导体的发展历程。

8-3-2　集团内部的相互协同

图 8-3-1 中的这些企业，我们把他们所在的集团列在了图 8-3-2 中，供读者参考。

这些企业中，富士电机是专门生产功率半导体的。其他企业中，日立和三菱电机把集成电路部门分出合并，成立了生产存储器的尔必达公司，把数字电路、个人计算机等相关部门移交给了瑞萨半导体公司。

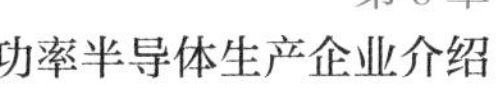

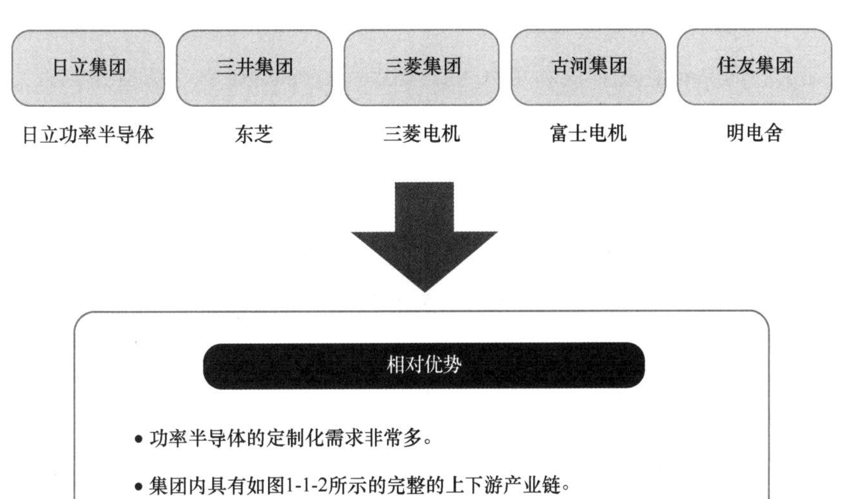

图 8-3-2 日本重型电子集团

如今，尔必达也已经被美光收购。东芝把存储器业务切割出来成立了东芝存储器（Kioxia），但功率半导体业务还是保留在本公司内。

保留在本公司内（或本集团内）都是出于自身发展的需要，可以节约成本，也让事业发展更加顺利。当然，其他公司如果有这方面需要，也可以对外提供服务。图 8-3-2 里的这些集团，都在自己内部拥有从上游到下游完整的半导体产业链，实力非常强大。

至于优劣，见仁见智。一方面，这种在企业内部垂直统合的模式，可以充分发挥企业自身的优势，发挥协同效应。另一方面，笔者的另一本书《图解入门——半导体制造设备基础与构造精讲（原书第 3 版）》中也提到，日本的半导体产业陷入低迷的原因之一，也正是这种垂直统合的企业模式，产业链封闭在内部，容易出现僵化。每次想到这里，笔者就会惋惜日本国内的 Fabless 和 Foundry 发展还是太慢了。

8-4 专业企业如何生存

日本的功率半导体领域中，不光有综合性企业，也有一些专业企业。这一节看看这些企业的发展之路。

8-4-1 专业企业的发展历史

日本功率半导体领域中的专业企业包括：富士电机、日本英达（NIEC，原本的日本国际整流器公司，现在被京瓷公司收购）、新电元、三垦电气等。富士电机的情况已经在8-3节介绍过了，而其他企业，像新电元和三垦电气，都是在第二次世界大战之前或期间成立的企业，从硒（Se）整流器起家，直到发展成现在的样子。第2章里提到过，最早的时候整流器都是用硒或水银制造的，直到硅半导体出现后，很快就取代了旧的材料。日本英达是京三制作所和美国国际整流器公司（International Rectifier，见8-6节）合作成立的。京三制作所原本以生产信号机而闻名，战前也是生产硒以及氧化亚铜整流器的，战后随着半导体普遍升级到硅材料，这家企业也就步入了功率半导体行业。必须知道的是，这些企业与8-3节提到的那些传统综合企业一样历史悠久。所以，要说半导体行业的新成员，那应该是后来的存储器领域的专业企业。

8-4-2 零部件企业的兴起

零部件生产企业也开始崭露头角。例如，罗姆半导体（ROHM）生产新型半导体材料，其中也包括了功率半导体器件。在笔者刚刚进入职场的时候，罗姆半导体还是它的前身东洋电具制作所，生产着电阻、电容这类元件，当时还完全没有参与到半导体行业里。之后，罗姆半导体就收购了雅马哈的半导体工厂，以及冲电气工业株式会社（OKI）的半导体部门，积极投入到半导体行业发展中来了。如今他们正在努力从事碳化硅等新型半导体材料的开发。

京瓷公司（KYOCERA）在收购了日本英达之后，也开始进军功率半导体，生产零部件。有意思的是，罗姆和京瓷两家公司都是扎根于京都这座城市。之后的发展动向，可以参考本节后面的内容。如图8-4-1所示，零部件企业从基本材料出发，研究实用化的产品，

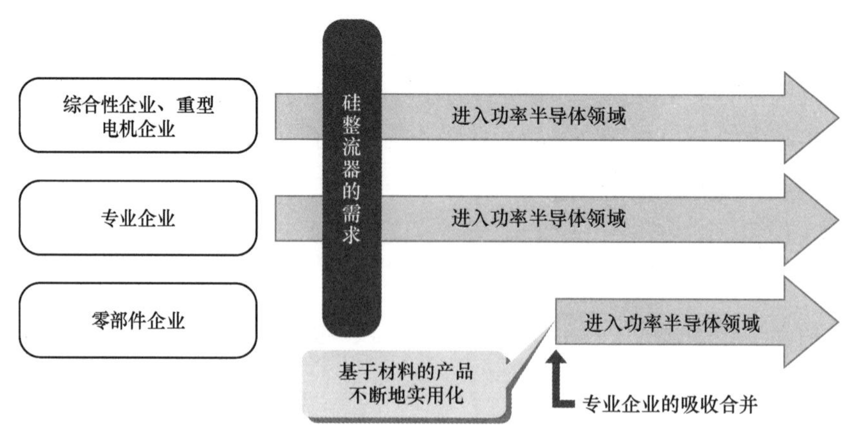

图 8-4-1 日本功率半导体企业的发展历史

所以在新一代功率半导体材料的开发研究上会更有专业优势。

20 世纪 70 年代，许多电子企业加入半导体这个领域，那时成立了许多与美国合作的企业。TDK 是与仙童公司合作的，ALPS 电气是与摩托罗拉公司合作的（这两家美国公司将在8-6 节介绍）。但是之后由于诸多原因，美国退出了合作。可能是由于第二次石油危机（1979—1980 年），许多企业的经营环境恶化所导致的。

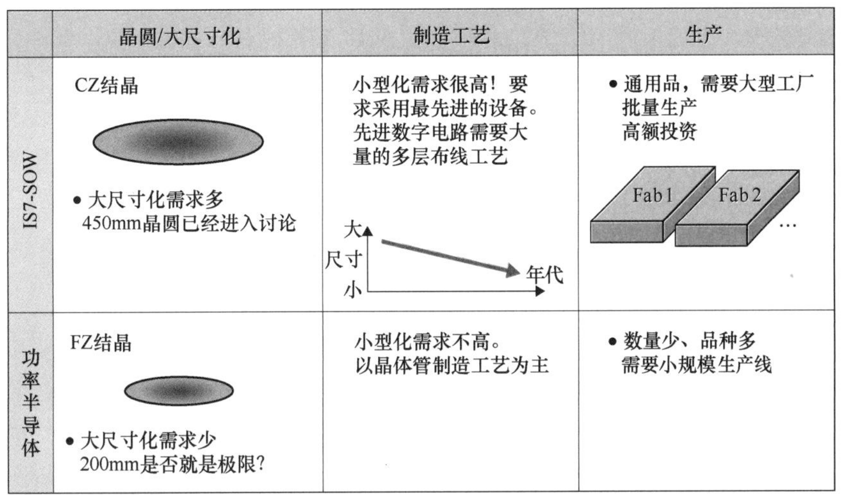

	晶圆/大尺寸化	制造工艺	生产
IS7-SOW	CZ结晶 • 大尺寸化需求多 450mm晶圆已经进入讨论	小型化需求很高！要求采用最先进的设备。先进数字电路需要大量的多层布线工艺 大 尺寸 小 年代	• 通用品，需要大型工厂批量生产 高额投资 Fab 1 Fab 2 …
功率半导体	FZ结晶 • 大尺寸化需求少 200mm是否就是极限?	小型化需求不高。 以晶体管制造工艺为主	• 数量少、品种多 需要小规模生产线

图 8-4-2 集成电路与功率半导体的比较

8-4-3 专业企业的生存环境

下面从笔者的角度，分析一下这些与综合性大企业共存的专业企业、零部件企业是如何适应需求而生存下来的，并与集成电路企业进行对比。

功率 MOS 器件有自己专用的晶圆，一般 8 英寸的 FZ 晶圆就够用，不太需要大尺寸晶圆。

不用考虑器件小型化。相反，集成电路产业为了把器件微缩到极致，需要投入大量的资本去研究更加精密的生产设备。

制造工艺主要就是在晶圆上制作出晶体管，不需要像先进半导体集成电路那样，还要考虑多层布线封装等问题，节约了大量的投资。

不同用途的产品对电压、电流有不同的规格要求，品种多而数量少，要求制造企业能根据需求随机应变，而不是像通用型存储器那样需要巨大的生产规模。

以上这些特点，就说明了专业企业、零部件企业的确具有合理性和可能性。图 8-4-2 对这些特点进行了总结。

再列举几个笔者自己的看法。1-1 节中，笔者将半导体和汽车进行对比。汽车行业，产品出货一定需要铁路、船舶等大型运输工具，所以企业一定要放在交通极为发达的城市；而半导体行业的产品尺寸都很小，不需要大规模运输，半导体的生产工厂可以放在内陆地区，只要有高速公路就可以了。太靠近海边反而对半导体工艺不利，因为钠元素很容易造成半导体器件的污染。

8-5 欧洲生产企业是垂直统合模式吗

在功率半导体领域，欧洲企业也非常有实力。许多企业也在研发新型半导体晶圆，具有很强的技术背景。本节将探寻一下它们的发展之路。

8-5-1 欧洲的主要生产企业

8-2 节中我们看到，在世界功率半导体企业排名前 10 位中，欧洲企业没有出现大起大落，保持着一定的态势。如图 8-5-1 所示，从德国西门子（Siemens）分立出来的英飞凌（Infineon），意大利和法国合资的意法半导体（ST Microelectronics），以及荷兰的安世半导体（Nexperia），可以算是欧洲的三巨头。其中的安世半导体，最早是著名的荷兰飞利浦（Philips）的半导体部门，于2006 年独立成为 NXS 公司，2017 年又从 NXS 分离出来，成

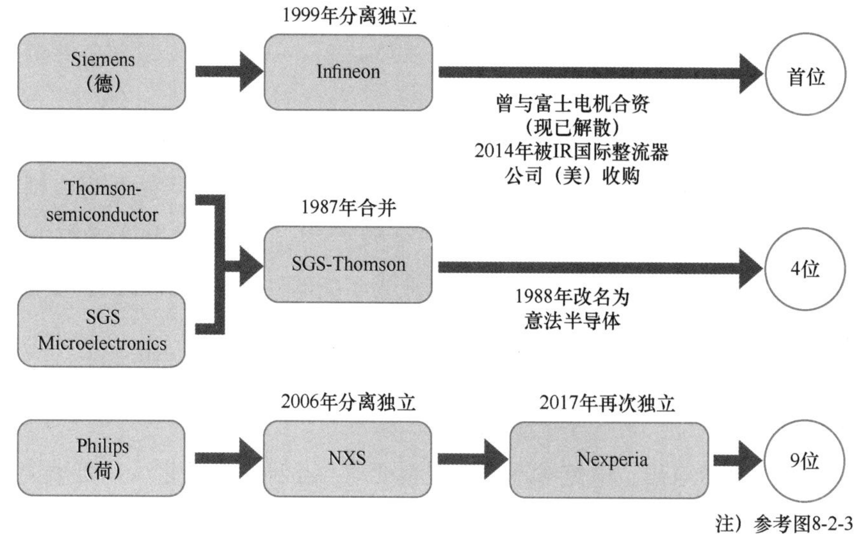

图 8-5-1　欧洲功率半导体企业的变迁

为现在的安世半导体。虽然名字变了，但一直从事功率半导体的生产。

从这张图中可以看出，欧洲生产企业表现出的特点与日本有些类似，比如都是每个国家中代表性的综合电气企业，也都是从电子行业的母公司中分立出来的。欧洲总人口 5 亿，只有这几家企业，而日本人口 1.2 亿却有那么多家企业。比较起来，日本的功率半导体生产企业数量很多，竞争激烈，或者也可以换句话说，都非常有活力。

8-5-2 促进分离独立

把这几个例子与日本的企业进行对比，还可以发现这样的规律，如图 8-5-2 所示。

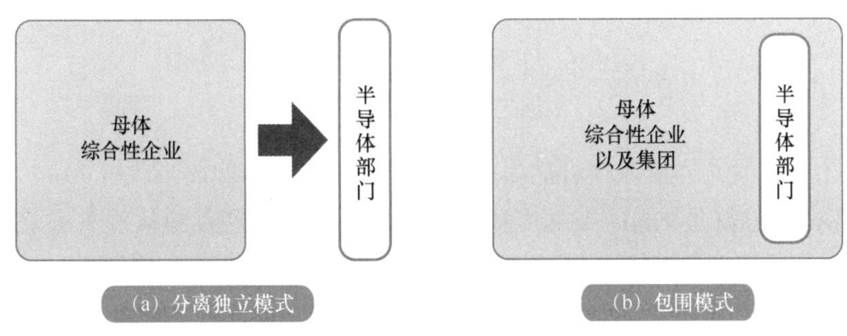

图 8-5-2 日本与欧洲半导体企业的变化趋势

在日本国内，半导体部门从母公司分离独立的趋势非常明显，但是在大集团内部，为了发挥各公司的协同作用，又出现了一种相互关联的包围模式。很难说到底怎样才是更加正确的，毕竟每个公司都有自己独特的背景。英飞凌虽然从西门子独立了出来，但西门子依然对其有比较高的持股比例。这不会限制新公司的发展，而是为了更好的经营。顺便一提，西门子公司是 1847 年创立的老企业了，创始人是德国电气工业之父维尔纳·冯·西门子㊀。日本近代史的开端是 1853 年的黑船来航事件，有许多那个时代的大财团，在此后的一百多年里改头换面，顺应历史潮流，承载着、也推动着社会的变革。

8-5-3 推进合作研究

在比利时有一家 IMEC 微电子研究中心，是一家与世界各国广泛合作的国际性研究机构，日本也有半导体生产企业以及设备生产企业在其中参与研究。在欧洲，各国的语言、文化、宗教等背景有许多共同点，铁路、公路也跨越国境将各国紧密联系在一起，给人的

㊀ 西门子：为纪念西门子本人的贡献，国际单位制（SI）中将电导的单位命名为 Siemens。以人名命名的国际单位很多，例如力的单位牛顿，磁感应强度的单位特斯拉等。

感觉就好像是同一个国家。

笔者因为参与合作研究的机会，多次有幸到访欧洲国家，比如从德国途经瑞士到达法国，也有从奥地利入境，再从瑞士离境等。非常奇妙的是，在公路、铁路上行驶时，人们不太感觉得到国界的存在，特别是许多地方过境都不用出示护照。各种各样的国际合作研究机构就设立在这些国家里。欧洲人口最多的国家是德国，但也只有8000万人，与日本比少得可怜。荷兰人口1600万。各国都在寻求自己独特的生存发展道路。欧洲似乎是一个大大的国家，但在各个地方又有自己的独立主权。也许这就是国际合作研究能够在欧洲开展起来的原因吧。

专栏：以创始人名字命名的公司

2022年冬奥会的花样滑冰项目让很多人知道了阿克塞尔四周半跳（4A）。以前就听过三周半跳（3A），也就是Triple Axel，但到底什么是Axel，笔者却从没有去想过。经过粗浅的调查研究后，笔者终于明白了，1882年挪威选手Axel Paulsen第一次做出了一周半跳的动作，此后花滑运动就以他的名字（Axel，简称A）来命名了这种动作，以此向他致敬。体操界也有很多这样的例子，比如笔者小时候的1964年东京奥运会，体操选手山下治广创造了山下跳的动作。本书第6章介绍CZ法制造单晶硅的时候说到的Dash缩颈法，就是以发明者Dash的名字来命名的。

还有前面说到的，德国西门子公司、荷兰飞利浦公司，也都是用创始人的名字命名的。希望今后笔者的读者当中，也能出现这样的人才，以自己的名字为某个新发明、新产品命名，为人类科技的进步做出卓越的贡献。

8-6 美国企业的动向

本节将介绍美国功率半导体生产企业的发展动向。

8-6-1 美国的动向

就像图8-2-3中所列的，美国的安森美半导体和威世科技（Vishay Intertech）都是功率半导体领域的老牌企业。安森美半导体公司可能有人不熟悉，其实其前身是美国通信巨头摩托罗拉的半导体部门，在1999年独立出来成立的公司。而摩托罗拉在20世纪80年代是世界排名第二的半导体企业（图8-2-1）。安森美半导体公司在2016年收购了美国仙童公司（Fairchild）后，一跃登上功率半导体企业全球第二的地位。

而仙童公司正是曾经在晶体管之父威廉·肖克莱手下工作的极具才华的罗伯特·诺伊斯等八位天才科学家一起创办的，一度是全球集成电路行业的领军者，也是后来硅谷以及全球许多半导体人才的摇篮。之后的几十年，仙童公司历经坎坷，渐渐没落。2001 年，仙童收购了名为英特矽尔（Intersil）的功率半导体公司，后来也陆续收购了几家类似的公司，其中也包括研究新型碳化硅材料的公司。但仙童最终还是在 2016 年被安森美㊀收购了。

威世科技是 1962 年成立的，以功率半导体为主业，也是全球分立器件最大的生产企业。美国企业都盛行 M&A（兼并与收购），所以威世科技也收购了许多公司，公司名字也改过多次，但始终致力于功率半导体业务。

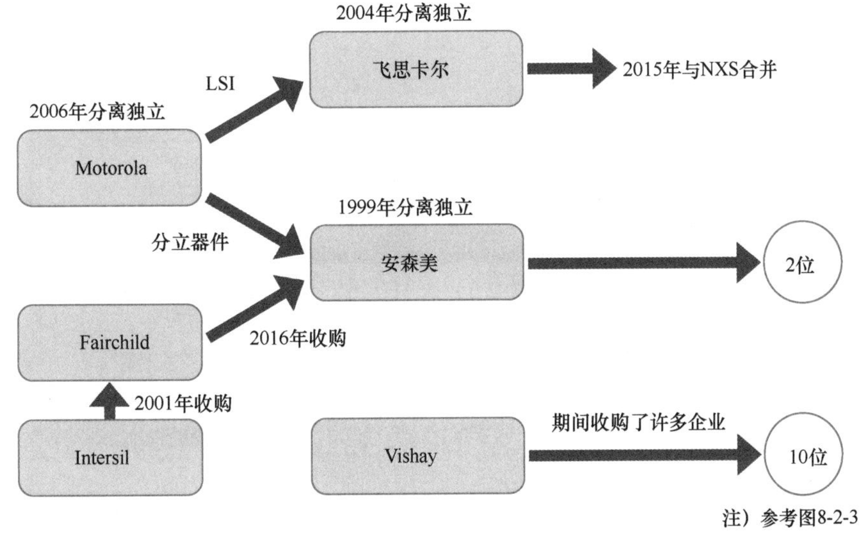

图 8-6-1　美国功率半导体企业的变迁

美国的功率半导体企业都是历史悠久的老企业，而世界范围内其他地区其实也是如此。再看图 8-2-3 就会发现，虽然在这个前 10 位的榜单中，各个企业起起伏伏，但无论哪一家的历史，都可以追溯到 20 世纪 50 年代半导体行业刚刚起步的时候。虽然以前的名字已经不太有人记得了，但他们在功率半导体行业的奋斗却始终没有停步。

㊀ 安森美：安森美公司在日本也收购了三洋、富士通等公司的半导体工厂。

8-6-2 全球化的潮流

2014 年英飞凌收购了美国的国际整流器公司（International Rectifier）。而国际整流器公司也与日本的企业有合作。由此可见，兼容与收购的浪潮不光是在美国，在其他国家也一样发生着。

欧洲、美国的企业都在彼此兼容或收购，成为更大规模的公司，以提高竞争力。相比之下日本公司就没有太大的变化。8-2 节中说过，半导体企业的生产正在经历一场范式的转换，继而在产业应该走本地化还是全球化的问题上，简单来说有两种相反的观点，如图 8-6-2所示。

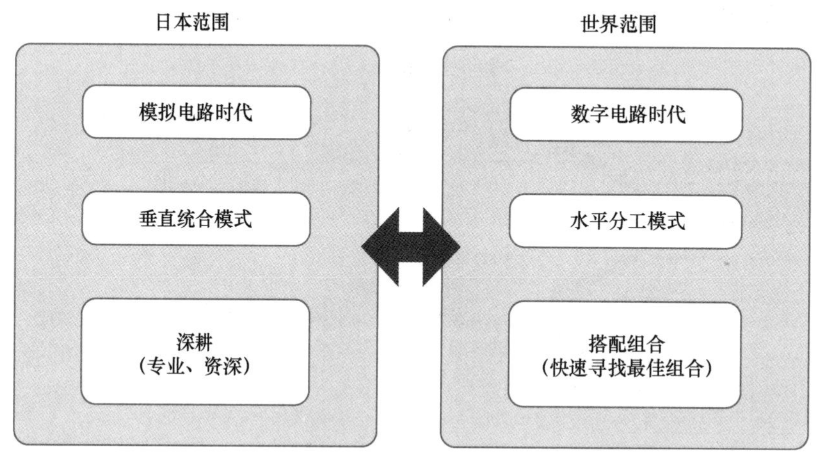

图 8-6-2 日本范围与世界范围模式的对立

半导体领域内，产业全球化的潮流不可逆转。日本国内的企业也是如此，必须接受全球化的未来格局。

产业新闻总是报道那些与 IT 行业相关的半导体企业，但其实功率半导体企业也应该多多关注。第 6 章我们介绍了传统的硅晶圆的生产，接下来第 10 章，让我们继续来看新一代功率半导体材料的发展情况。功率半导体与我们的生活息息相关，值得更多人的关注。

CHAPTER 9

第9章

硅基功率半导体的发展

本章将用一些例子来说明目前硅基功率半导体的发展现状。同时针对其中的难题，介绍一些解决的思路。

9-1 功率半导体的时代

体育界和政治界都喜欢用世代交替这个词来描写巨大的时代变迁，而功率半导体其实也正在经历这种世代交替。本节将介绍硅基功率型 MOSFET 和 IGBT 器件构造的进步，从而为第 10 章将要介绍的新型晶体管材料做好准备。同时也会介绍功率半导体的广泛用途。

9-1-1 什么是功率半导体的时代

在先进半导体领域，人们总是热衷于谈论当前工艺已经突破了多少纳米的工艺节点或是半间距（Half Pitch，简称 HP）[㊀]，时代正在如何飞速进步。实际上在功率半导体领域，也正在发生着时代性的进步。让我们看几个例子，感受整个领域的这种发展趋势。

MOSFET 器件开始于 20 世纪 70 年或是更早的功率半导体领域，并且已经经历了从横向到纵向、从**平面型**到**沟槽型**的进步，如图 9-1-1 所示。

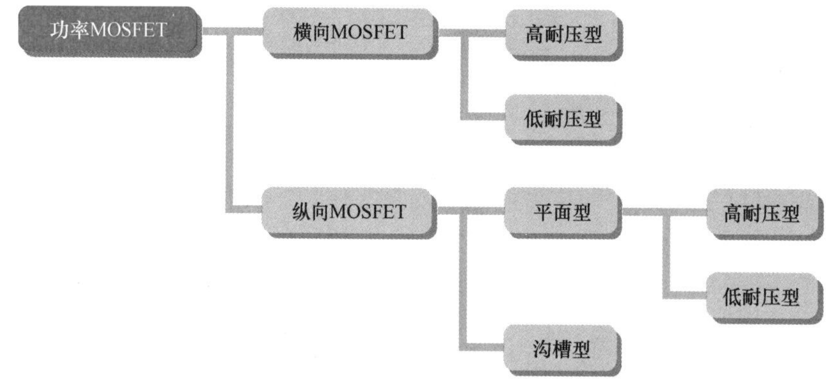

图 9-1-1　功率半导体的分类

3-4 节中曾经介绍过 MOSFET 器件的构造变化。功率半导体不像集成电路那样追求某个器件的微型化，但作为电力变换装置的整体仍然需要小型化，因此才有了从平面型 MOSFET 到更有利于缩小尺寸的沟槽型 MOSFET 这样的进步，如图 9-1-2 所示。对于后面要提到的 IGBT 来说也是如此。目前最小型的功率 MOSFET 的尺寸已经缩小到 1μm，整体达到了微米、亚微米的量级。当然，与当前已经达到几个纳米的集成电路还是无法相比的。

㊀ 多少纳米的工艺节点或是半间距：节点、半间距都是描述集成电路尺寸的术语。前面数字越小，代表工艺越精细、越先进。

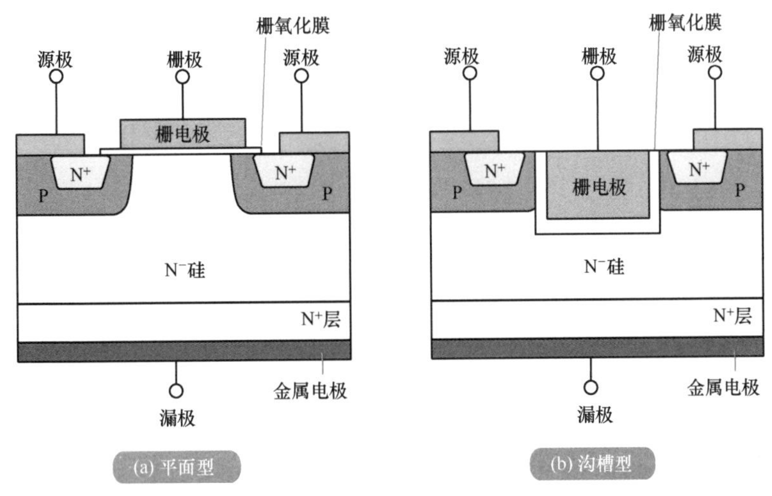

图 9-1-2　平面型与沟槽型功率 MOSFET 的例子

9-1-2　减少电力损失

回到功率半导体的设计原则上。必须记住，功率半导体的作用是电力转换。功率半导体的发展必须与当前的环境、能源政策相符合，因此也必须尽力减少运行时器件本身带来的电力损失，因此关键就是要提高电力**转换效率**。在 3-4 节我们说过，高速开关功率器件的电力损失是非常大的。

当然，与电流驱动的双极型晶体管相比，用电压驱动的 MOSFET 器件已经是相当省电的了，但高速开关时的电力损失仍然不能忽视，如图 9-1-3 所示。在后面的 9-7 节我们会

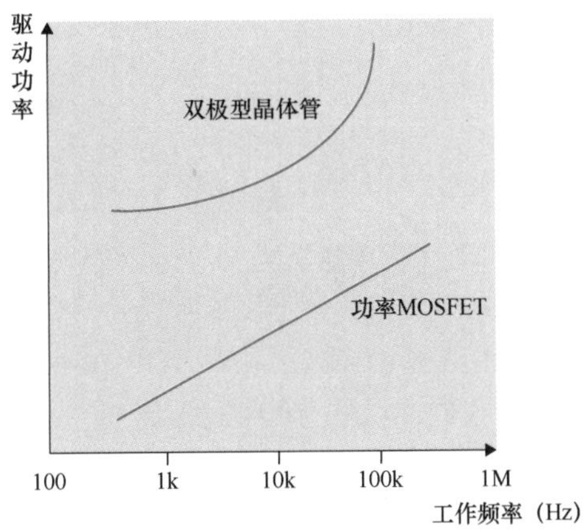

来源：功率MOSFET应用技术，山崎浩，日刊工业新闻社（1988）

图 9-1-3　双极型晶体管与功率 MOSFET 的驱动耗能对比

讲到，功率半导体的电力损失主要体现为器件发热，而为了冷却器件，还需要消耗额外的电力。所以，提高功率半导体的电力转换效率，实在是非常重要的问题。

9-2 IGBT所要求的性能

处于世代交替中的功率半导体，在小型化的道路上，是如何向IGBT器件变迁的？

9-2-1 MOSFET的缺点

MOSFET器件的最大特点是可以实现高速开关，就像3-4节所说的，可以达到兆赫兹级（MHz）的高速开关性能。但是器件的耐压性能却没有那么理想，只能应用在几千伏以下的中小型电力转换领域。

为什么MOSFET器件无法耐高电压？因为要降低**导通阻抗**，就要提高掺杂的浓度，并且缩短器件中的沟道长度，而这些都是对耐压性非常不利的。

功率半导体想要扩大应用范围，就必须在具有高速性能的同时，寻求更高的耐压性能。于是在20世纪80年代后期，出现了IGBT器件。IGBT器件分两部分，上部的MOSFET部分负责高速开关，下部的双极型器件负责流过电流，可以兼顾大电流和高耐压性。

9-2-2 IGBT的世代交替

IGBT在应用中也存在电力损失的问题。从出现至今，IGBT的电力损失已经减少到了原来的1/3，具体过程本书暂不讨论。图9-2-1解释了IGBT**器件电力损失**的原因，主要是逆变过程中的开关损失，以及导通时的损失。

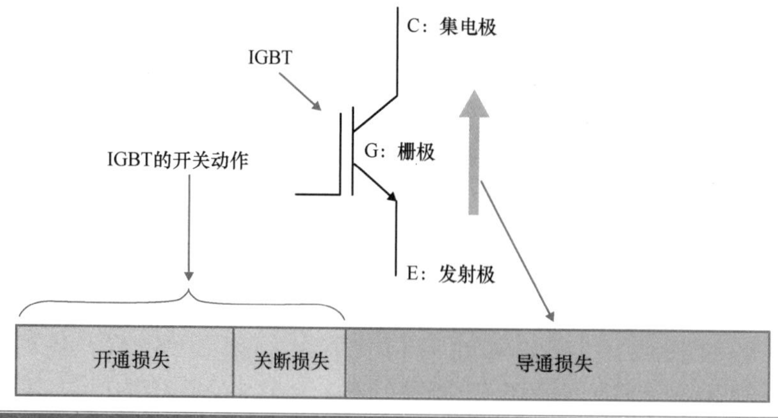

图9-2-1 IGBT器件电力损失的原因

其中，开关导致的损失是与**饱和压降**㊀成反比的，在 IGBT 的实际应用中这种关系非常明显，必须在两者之间进行权衡。图 9-2-2 表示了这种关系。

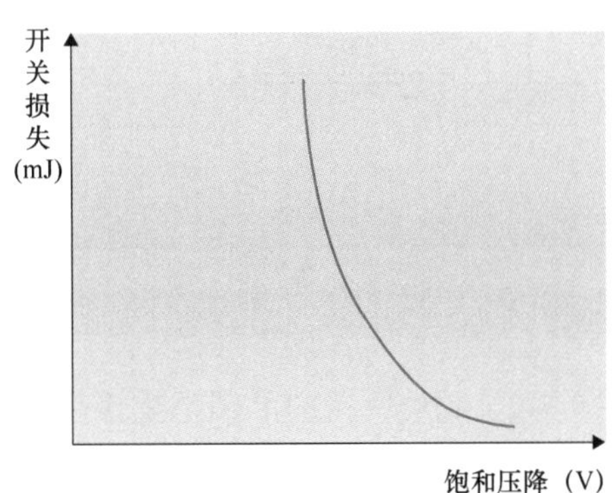

注）IGBT的饱和压降用V_{CE}(Sat)表示，关断损失用E_{off}表示。
这里Sat是Saturation的缩写。

图 9-2-2　饱和压降与开关损失的反比关系

9-3 穿通与非穿通型 IGBT

本节将举例说明什么是穿通与非穿通型 IGBT。这两个名词一般只有专业人士才了解，这里介绍给各位读者。

9-3-1 什么是穿通型 IGBT

穿通（Punch Through，简写为 PT）这个概念首先是来自 MOSFET 器件。如图 9-3-1 所示，当栅极加正电压时，下方 P 型区域形成 N 沟道，器件导通。此时如果提高漏极电压 V_D，会使漏极区域下方的耗尽区扩大，从漏极向源极延伸，并使 N 沟道靠近漏极的部分逐渐变窄甚至夹断。尽管 N 沟道被夹断，但从源极向漏极的电子流并不因此而减为零，而是几乎保持不变，因为增加的 V_D 可以为夹断区域提供漂移电场，吸引 N 沟道中的电子继续流向漏极。这就是 MOSFET 中的电流饱和现象。

而在 IGBT 器件中，所谓穿通型，是指器件截止时耗尽层从上方的 P 区向下方的 N^- 区延伸，并贯穿了整个 N^- 区的器件。这种技术是 20 世纪 80 年代提出的，通常简写成 PT-IGBT。

㊀ 饱和压降：IGBT 的双极型晶体管部分，在饱和状态时发射极与集电极之间的压降。

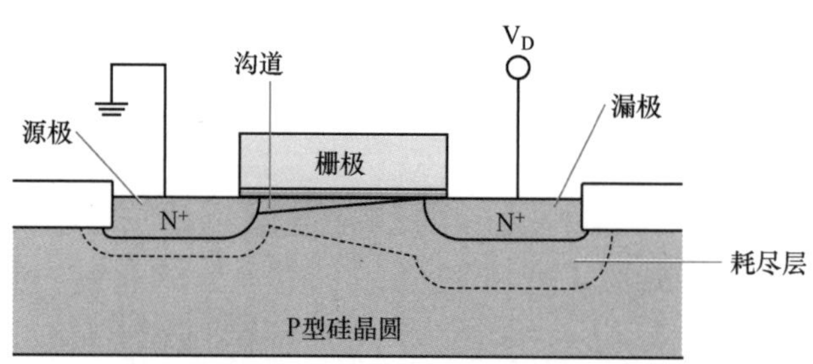

图 9-3-1　MOSFET 中沟道的夹断现象

器件结构可以参考图 9-3-2。此处所用的晶圆是重掺杂的 P 型硅晶圆，也是器件的集电极区域，在上面用外延法制作轻掺杂的 N^-层，所以成本较高。当这个器件进入截止状态时，从集电区注入的空穴流进入基区，与这里的多数载流子电子进行复合。优点在于，这种复合是可控的，称为载流子的**寿命控制**（Lifetime Control）。由于功率器件中流过器件的电流很大，栅极正电压除去后，器件并没有立刻截止，多余的载流子会持续存在很久，所以需要用这种可控的方式使过剩的载流子迅速复合消失，从而提高器件关断的速度。具体来说，实现方式是在集电极注入空穴，与集成电路器件中所用的方式是不一样的。这种方式的缺点是在高温状态下无效，因为高温热激发会使载流子重新大量产生。

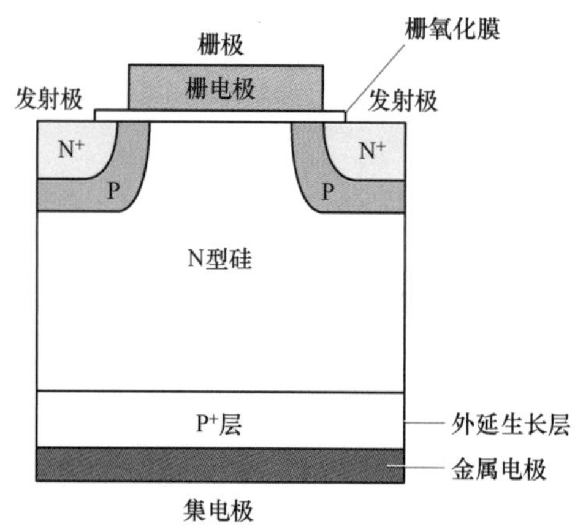

图 9-3-2　穿通型 IGBT 器件的结构示意图

9-3-2　什么是非穿通型 IGBT

穿通型 IGBT 由于大量使用了外延生长技术，造价昂贵。非穿通型 IGBT（Non Punch

Through IGBT，简称 NPT-IGBT），则是以轻掺杂的 N^- 型硅晶圆为基础，先在晶圆正面形成 MOSFET 结构，然后在晶圆背面进行晶圆减薄和 P 型杂质离子注入。这种技术是 20 世纪 90 年代中期出现的。这里所说的**晶圆减薄**、离子注入，以及注入后进行的退火，都是在第 7 章中介绍过的工艺过程。而非穿通这个名字，是指在器件截止时，耗尽区无法贯穿 N 型区，在耗尽区内电场强度减小到零。

NPT-IGBT 的器件剖面图如图 9-3-3 所示，这里晶圆厚度方向没有按照实际比例来画。先在轻掺杂 N 型 FZ 硅晶圆的正面制作出发射极、栅极等结构，然后在晶圆的背面进行研磨将晶圆厚度降到所需要的程度，再用离子注入法注入硼元素并退火激活杂质，得到 P 型区。这个 P 型区的掺杂浓度不太高。由于不使用外延生长，晶体质量有所提高，成本也得到了降低。但是背面研磨、离子注入的成本也还是不低的。

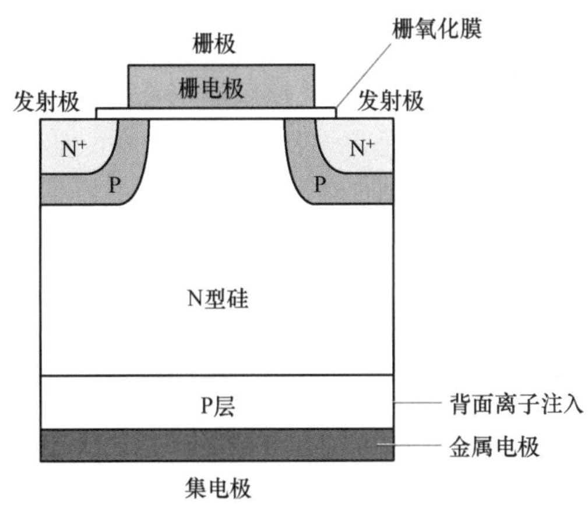

图 9-3-3　NPT-IGBT 的器件剖面图

另外，晶圆减薄后在流水线上的转运装置也和普通硅晶圆不同了，主要是使用非吸附式的伯努利吸盘㊀来转运。

所有的工艺过程，包括与下一节的场截止型 IGBT 相关的工艺，这里就不再详述了，都可以参考第 7 章的内容。

再次强调，作为大电流功率型器件，IGBT 如何处理截止时的过剩载流子，始终是需要研究的问题，由此就带来了器件的复杂化。

㊀ 伯努利吸盘：利用伯努利效应，在晶圆上下表面制造压差，从而托住并转运晶圆的一种装置。

9-4 场截止型 IGBT 的登场

下面要介绍的是场截止型 IGBT 器件，它的主要优点是进一步降低了导通阻抗。

9-4-1 什么是场截止型 IGBT

场截止型 IGBT（Field Stop IGBT，简称 FS-IGBT）这个名称听过的人大概很少。这种器件是 2000 年左右出现的，目标是低导通阻抗和高开关频率。场截止型的结构其实在本书前面介绍 IGBT 器件时已经出现过了，这里在图 9-4-1 中重新画一下。它的主要特点就是在重掺杂 P^+层上方有一个重掺杂 N^+层。这个 N^+层的作用是将从上方延伸下来的电场强度快速降为零，所以有了场截止这个名字。

场截止型 IGBT 的主要优点是，在器件导通状态下，发射极和集电极之间的饱和压降 V_{CE}减小，同时也抑制了器件关断时的拖尾电流，减少了开关损耗，一定程度上解决了 9-2 节中提到的饱和压降与开关损耗的两难问题。

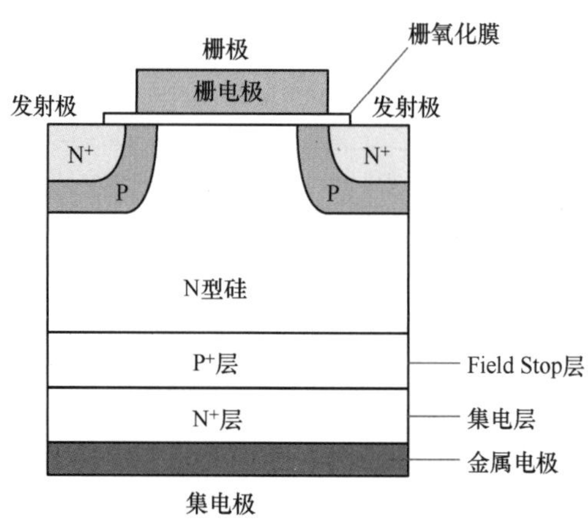

图 9-4-1 场截止型 IGBT 的结构示意图

9-4-2 场截止型 IGBT 的制造工艺

场截止型 IGBT 的制造工艺与非穿通型 IGBT 类似，都是在轻掺杂 N^-型 FZ 硅晶圆的基础上进行背面减薄、离子注入以及退火。两者不同的地方在于背面离子注入的工艺。非穿通型 IGBT 只注入 P 型硼，场截止型 IGBT 则必须先注入大量磷形成 N^+区，然后才是注入大量硼，得到 P^+区。

两种杂质注入后，还需要退火来激活杂质。这里也与非穿通型 IGBT 不同，因为场截止型 IGBT 有两个不同的杂质层，总的厚度比前者大得多，所以退火工艺也更为复杂。这也是场截止型 IGBT 工艺独有的特点。读者可以参考图 9-4-2，了解这个过程。在背面减薄后，晶圆也是通过伯努利吸盘来转运的。

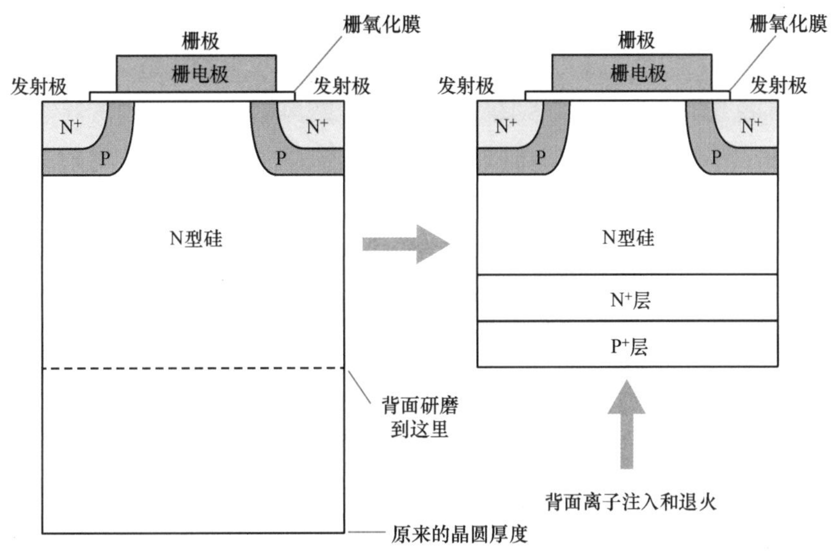

图 9-4-2　场截止型 IGBT 的工艺过程示意图

要实现背面的离子注入，就需要在背面也进行标记、掩膜、光刻等过程，所以需要**双面校准**设备。这些背面工艺，在集成电路的工艺中是不需要的。具体内容已经在 7-4 节中介绍过，读者可以参考。第 7 章详细介绍了功率半导体不同于集成电路的特殊工艺。这种特殊性在 IGBT 器件上体现得非常明显。

到此，我们就介绍了穿通型（PT-IGBT）、非穿通型（NPT-IGBT）和场截止型（FS-IGBT）三种基本的 IGBT 器件。IGBT 器件的前沿，主要是针对器件的双极型晶体管部分的电场、载流子密度等进行开发。读者可以参考相关的专业书籍，本书只是说明器件之间的区别并提供一些思考方法。

9-5 IGBT 的发展趋势探索

第 3 章中提到过一些不同结构的 IGBT，这里举几个例子。首先看一下器件的小型化研究进展。

9-5-1 从平面栅到沟槽栅

3-5节介绍过了IGBT的构造和工作原理。这里简单回顾一下。MOSFET器件虽然可以实现高速开关，但是受到构造的限制，耐压性不够。人们需要能同时实现高速、高电压的功率器件。

于是就有了IGBT器件，将功率MOSFET与双极型二极管的构造结合在一起，取两者的优点，不得不说是大胆的创造。从图3-5-3的器件结构中可以看到，从器件底部的P^+区开始，$P^+/N^+/N$三层构成了典型的场截止（FS）结构。而P^+和N^+/N以及上部的P区构成了一个三极管的集电区、基区、发射区。器件的上部是一个MOSFET结构，栅极就在晶圆的表面，是一个平面，所以叫作平面型栅极。这种平面栅结构的导通阻抗比较大，所以从20世纪90年代后期，人们把平面栅改进成了图9-5-1的沟槽栅，需要在晶圆的表面开槽，将栅极嵌入其中。这样的构造，可以提高栅下方的载流子密度，从而降低导通阻抗。当然，这张图只是示意图，实际栅的尺寸经过优化改进，可以做得很小。

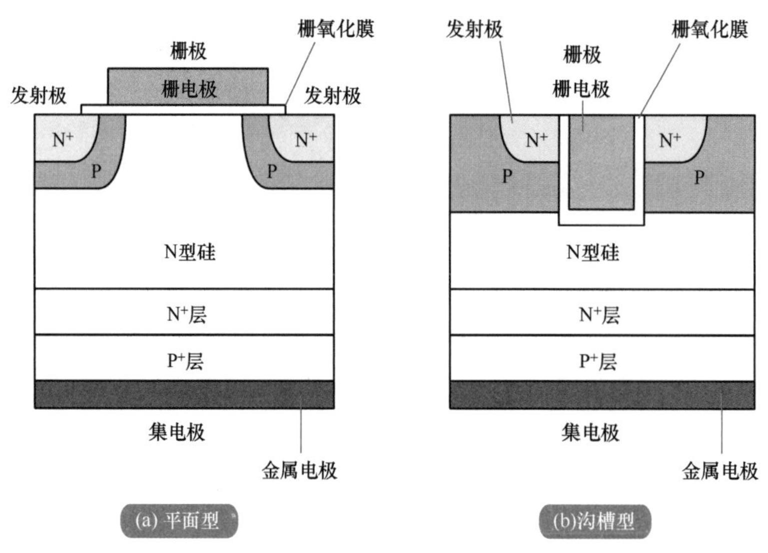

图9-5-1 IGBT的平面栅和沟槽栅

9-5-2 更多的IGBT新产品登场

在这以后，IGBT器件的各大研发制造企业，都推出了自己的新型产品，来看几个例子。东芝公司推出了自己的新型高耐压产品 IEGT（Injection Enhanced Gate Transistor），即栅极注入增强型晶体管。如图 9-5-2（a）所示，这种器件改变了基极和发射极的构造，载流子密度随着器件深度的变化关系，如图左侧的坐标图，载流子密度上升，导通阻抗、导通电压都减小了。

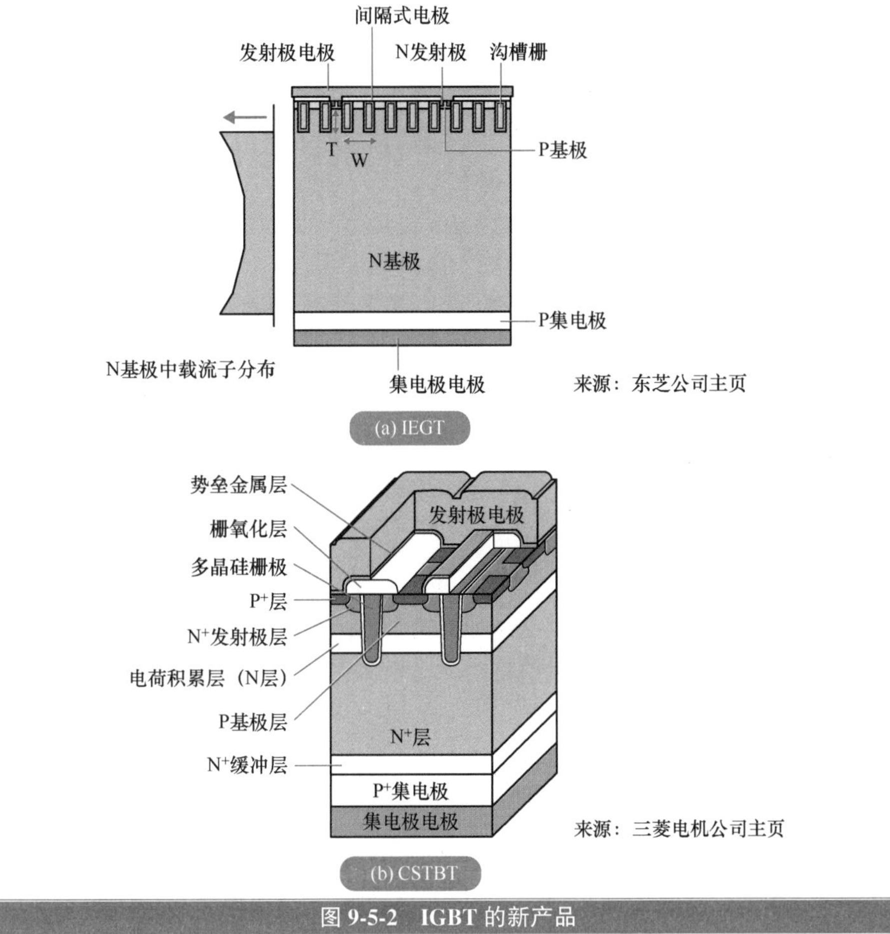

图 9-5-2　IGBT 的新产品

而三菱公司则推出了 CSTBT（Carrier Stored Trenched Bipolar Transistor），即载流子储存沟槽栅双极型晶体管。如图 9-5-2（b）所示，器件导通时，电荷蓄积在如图所示位置，与上方 P 型层构成类似二极管的结构，载流子密度提高，导通阻抗降低。

这些产品的研发，主要是为了解决饱和压降[㊀]和开关损失之间的两难问题。如 9-2 节

㊀ 饱和压降：9-2 节已经提到过，饱和压降是指双极型晶体管在导通状态下，发射极和集电极之间的饱和区上的电压降。在科学文献中，记作 V_{CE}(Sat)。

所说，一般来说 IGBT 产品的**饱和压降**降低的时候，**开关损失**自然会变大。而这些产品可以做到两者的兼顾，如图 9-5-3 所示，是把两者之间的关系曲线降低了的缘故。

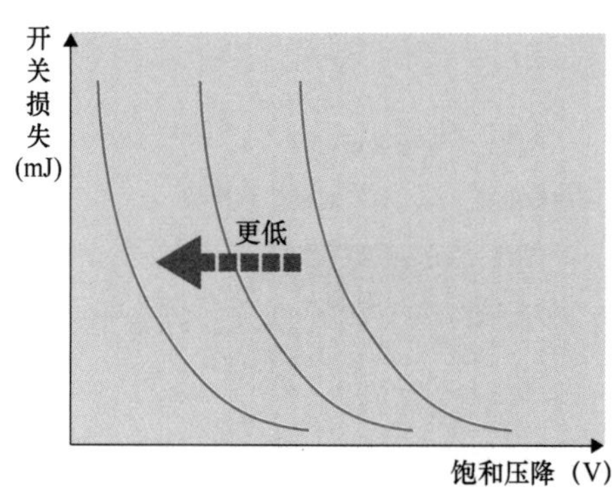

图 9-5-3 饱和压降与开关损失的关系曲线

当然这里的介绍只是 IGBT 产品的冰山一角，目的是让读者了解 IGBT 研发的主要努力方向。

9-6 功率半导体在智能功率模块（IPM）中的进展

功率半导体不可能像大规模集成电路那样密集地进行缩小和集成，但是也有自己的集成化概念，也就是功率模块。这些模块将功率半导体进行集成，然后形成一个具有独特功能的单元。

9-6-1 功率模块

功率半导体器件并不是单独使用的，而是像 5-1 节那样，需要与控制电路、保护电路等外部电路进行组合。比如前面说到的晶闸管，就需要换流电路来辅助进行关断。将功率半导体器件与这些外部电路集成在一起，就是**功率模块**。

举一个前面出现过的例子，在 7-4 节中曾经说过，IGBT 器件需要并联一个**续流二极管**，所以就要像图 9-6-1 那样，把 IGBT 与续流二极管放在一起进行封装。这种模块化的思想从 20 世纪 80 年代开始出现并得到广泛应用。封装后的模块画成电路图，如图 9-6-2 所示。这个模块在第 10 章中还会提到，读者可以先了解一下。

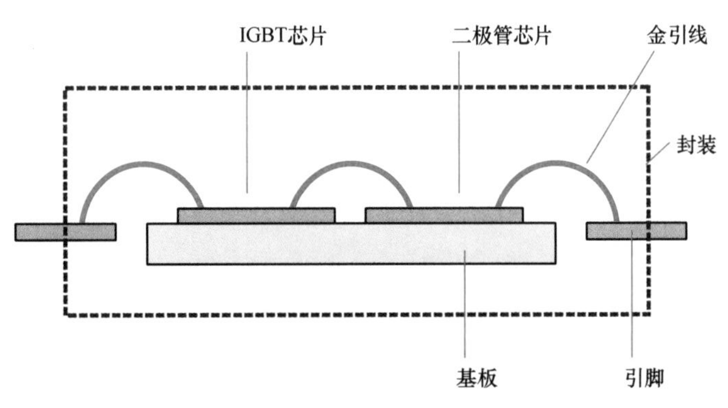

图 9-6-1　功率模块的例子

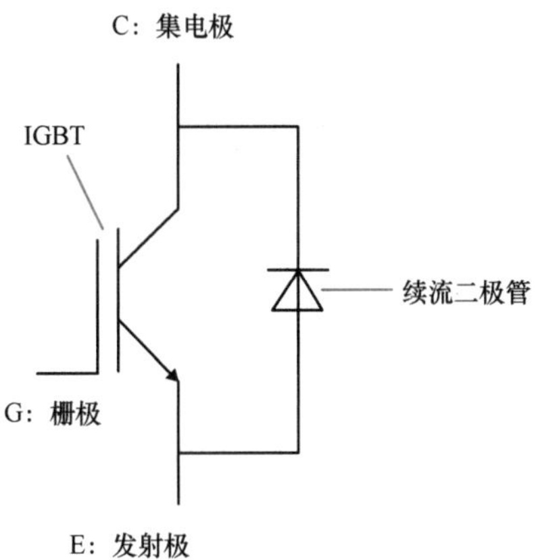

图 9-6-2　功率模块的电路图

9-6-2　什么是 IPM

20 世纪 90 年代，功率模块的开发中开始出现一个 IPM 的概念。它是 Intelligent Power Module 的简称，中文称为智能功率模块。

在这样的模块中，IGBT 不光集成了驱动电路、保护电路，还具有判断自身状态的功能。用户不需要自己重新设计，就可以很方便地使用 IGBT 功能模块。

但是不同的使用场合，例如小型汽车、电力机车、空调等，对 IGBT 器件的要求是不一样的。于是 IGBT 的生产企业必须针对各种用途，开发出标准化的系列产品线。图 9-6-3 就是一个例子，他们把功能模块、控制基板等组合在一起，用环氧树脂封装起来。外部只看到几个管脚。当然这样的封装尺寸和大规模集成电路来比就显得太巨大了。每一个生产企业的产品目录中，都会介绍自己产品的尺寸、种类、管脚数等外部封装样式，比如DIP㊀封装。

照片提供：三菱电机株式会社

图9-6-3　IPM的例子

这些IPM可以用在许多领域中，比如4-4节中说过的纯电动汽车（EV）中的耐压模块。其中一些也被称为ASIPM，即专用智能模块。其中AS是Application Specific的缩写，正如集成电路中也有ASIC，即专用集成电路。

总而言之，功率模块也好，IPM也好，都是围绕功率半导体的Chip搭配其他功能性的Chip，封装成一体。这与集成电路中所说的System on Chip，即所有的功能封装在一个Chip上，是有所区别的。

9-7 冷却与功率半导体

功率半导体的主要电力损失是发热损失，所以冷却系统也是IGBT的功率模块中不可缺少的部分。

9-7-1 半导体与冷却

半导体器件正常工作离不开冷却装置。功率比较大的电器都是配有散热器的。比如音

㊀ DIP：Dual Inline Pin的简写，意思是双列直插式封装。整个封装是长方形，在两条长边上对称排布着两列管脚。这种封装形式在以前的中小规模集成电路中很常见。

频放大器、开关电源等功率输出装置，都配有各自的散热装置。

举一个不是功率半导体的例子，读者一定都有过这样的经历，自己的计算机在使用过程中，突然听到风扇发出很大的响声。这是因为计算机的 CPU 这样精密的先进半导体芯片，内部都是多层配线的复杂结构，散热问题就非常棘手，不得不安装冷却风扇，将芯片工作时发出的热量及时排出。

20 世纪 90 年代中后期，IBM 的奔腾处理器大量上市，那时的用户一定都记得装在计算机主板上的散热器，是由许多片金属针竖立着排成的阵列，样子很像日本插花时用的剑山。可想而知，功率半导体对散热器的要求就更大了，一定要用散热效率很高的装置。特别是像电动汽车的功率模块，整个环境的温度都很高。不同的应用领域会采用不同的散热方式，这里介绍一些常见的方法。

9-7-2 各种各样的散热方式

图 9-7-1 中的一个例子，用铜或铝制成金属散热片，平行排布着，上方通过导热胶与功率模块连接。模块发热时，热量传到导热良好的金属片上，再用风扇对着散热片的槽吹风，带走大量热量。除了这种风冷式，也有水冷式的。

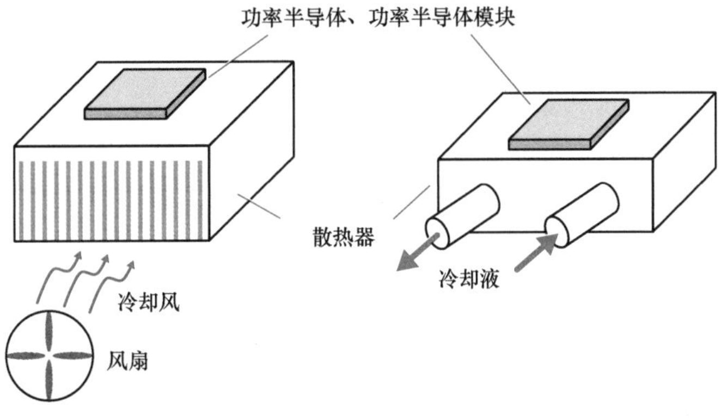

图 9-7-1　散热器的例子

如果要求散热更快，市面上也有产品是使用散热管[㊀]结构的，就像图 9-7-2。这样的散热装置可以用在集成了大量功率模块的地方，把散热管伸到外部，用风冷或热交换器进行冷却。功率半导体实在是离不开冷却装置。

㊀ 散热管：管子里装入冷却液，循环流动，将热量带到外部。

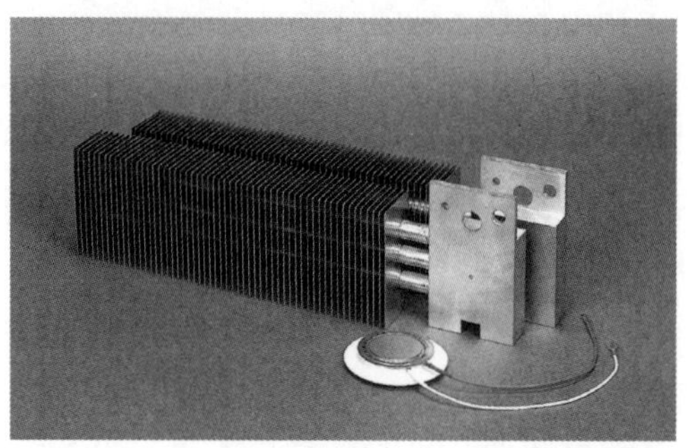

来源：古河电气工业株式会社

图 9-7-2　用散热管进行散热的例子

CHAPTER 10

第 10 章

挑战硅极限的碳化硅与氮化镓

本章将介绍作为硅材料的替代品，碳化硅与氮化镓在功率半导体中的应用。

10-1 8英寸碳化硅晶圆的出现

首先介绍一下已经常用的碳化硅晶圆，目前碳化硅8英寸晶圆已经实现量产。

10-1-1 什么是碳化硅

碳化硅（SiC）有什么特殊性质呢？从6-1节我们已经了解到，它的两种构成元素碳（C）和硅（Si）都是元素周期表中的Ⅳ族元素，原子最外层电子数都是4个，可以形成牢固的共价键。所以碳化硅是一种非常稳定的化合物。

10-1-2 碳化硅的出现早于功率半导体

近年来，由于半导体业界对硅材料的极限感到担忧，于是纷纷把目光转向了碳化硅。但事实上碳化硅并不是刚刚出现的新事物。它和下一节要介绍的氮化镓（GaN）一样属于**宽禁带半导体**（Wide Gap Semiconductor）。

说起宽禁带半导体还得从硅说起。在硅的外围电子层中，电子在低能态时都处于价带中，当能量被激发后到达能量更高的导带（同时原来价带的位置留下了带正电的空穴）。**价带**㊀和**导带**㊁之间称为禁带，意思是禁止电子在此存在，在这个能带区域里没有电子。硅的晶体的禁带宽度约为1.1~1.3eV（eV，电子伏特），而碳化硅和氮化镓分别为3.2eV和3.4eV。学术界规定，禁带宽度大于2.3eV的半导体叫作宽禁带半导体。图10-1-1表示出了禁带的位置，并比较了硅和宽禁带半导体的区别。

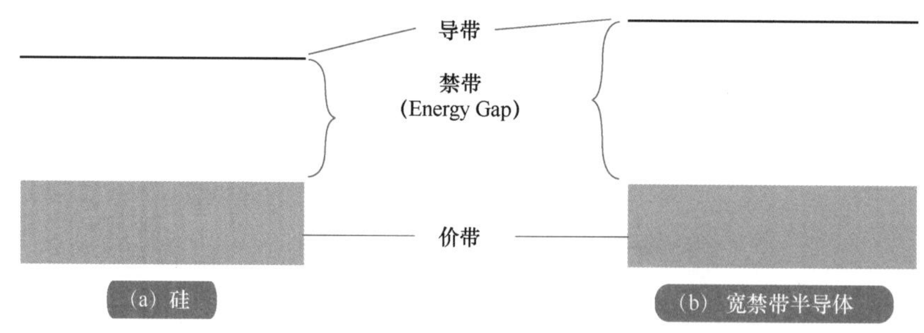

图10-1-1 半导体与禁带宽度示意图

㊀ 价带：被没有激发的电子填满的能带，电子在这里无法自由移动。
㊁ 导带：电子得到能量后激发达到的能带，这里没有被填满，所以电子可以自由移动。

本书在介绍各种半导体器件工作原理的时候，都没有提到半导体能带的概念，现在介绍材料的物理性质就不得不提到这一点，因为实在很重要。

宽禁带半导体具有很好的温度稳定性，因为环境的温度通常不足以将价带电子激发到导带。所以碳化硅可以工作在硅无法胜任的严苛环境中。例如航天器中的半导体器件，用碳化硅就比硅可靠得多。所以碳化硅半导体的应用其实已经有了很长的历史。

当前功率半导体市场主要还是以硅材料为主，碳化硅只占市场份额的 5%，未来还有很大的空间。碳化硅的晶圆主流还是 6 英寸，但 8 英寸也已经可以量产，正在推广。

10-1-3 碳化硅的多籽晶体结构

碳化硅晶体有多籽晶体结构，除了立方晶体以外，还有所谓的 4H 和 6H 结构。这里的 H 指 Hexagon，即六方晶体。用于功率半导体的，通常就是这种 4H 或 6H 的结构，而且 4H 的晶体是主流。具体是什么样的结构，想要说清楚有点难，这里就只能挑重点来说。请看图 10-1-2，在碳化硅的晶体中，原子是按层排列，层层堆叠的，图中的一个小圆就代表了一个原子层中的某个原子。把这些原子层沿着 **c 轴**[㊀] 方向堆叠起来，最常见的有两种方式，就是以四层为一个周期，或以六层为一个周期，就分别形成了 4H 和 6H 两种结构。

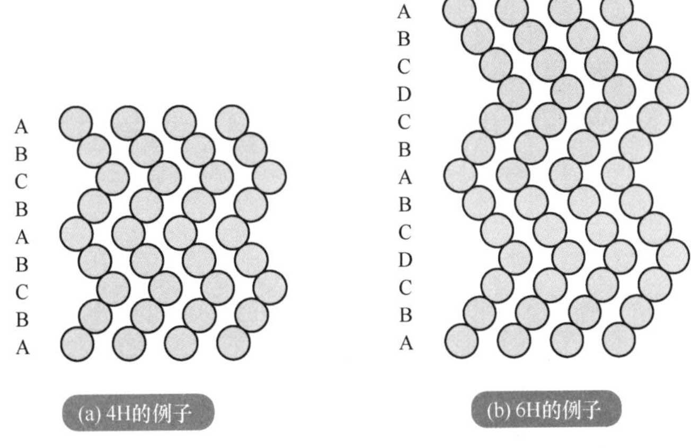

图 10-1-2 碳化硅的 4H 和 6H 晶体结构

碳化硅的晶体用作半导体的时候，也和硅一样需要掺杂其他元素，以提高导电性。碳化硅的掺杂主要是采用 N 型掺杂。下一节再介绍碳化硅晶圆的制造工艺。

图 10-1-3 中比较了硅、碳化硅、氮化镓三种材料的几个重要参数。5-2 节曾经说过，

㊀ c 轴：图中的纵向。

宽禁带半导体可以耐很高的电压。碳化硅和氮化镓的禁带宽度是硅的 3 倍，而绝缘耐压性是硅的 10 倍，达到 3.0MV/cm。氮化镓半导体普遍可以耐 600V 的高电压，而碳化硅的耐压性比氮化镓更高。

	Si	SiC	GaN
禁带宽度 (eV)	1.10	3.36	3.39
电子迁移率 ($cm^2/V\cdot s$)	1,350	1,000	1,000
绝缘耐压 (MV/cm)	0.3	3.0	3.0
饱和电子迁移率 (cm/s)	1×10^7	2×10^7	2×10^7
热导率 ($W/cm\cdot K$)	1.5	4.9	1.3

图 10-1-3　功率半导体材料物理性质比较

关于碳化硅和氮化镓晶体的制造方法，有兴趣的读者可以参考笔者的《图解入门——功率半导体基础与工艺精讲（原书第 2 版）》。

10-1-4　碳化硅的其他特点

碳化硅除了用作半导体以外，也是一种很好的精密陶瓷材料，具有良好的强度和耐热性。在半导体干法刻蚀这道工艺中的电极、变焦环[㊀]（Focus Ring），还有 CVD 设备中的基座[㊁]，都使用碳化硅。这些都是利用了碳化硅材料的高温稳定性，所以碳化硅是电子行业里非常受欢迎的材料。

10-2　碳化硅晶圆的制造方法

本节将介绍碳化硅晶圆的制造方法。碳化硅以及氮化镓晶圆的制造方法，都是与硅晶圆完全不同的。

10-2-1　薄膜结晶与块状结晶

从 20 世纪 80 年代开始，主要是为了应对功率半导体的需求，碳化硅的结晶技术，从

㊀ 变焦环：在刻蚀工艺中，为了保证整个晶圆表面刻蚀的均匀性而设置在晶圆四周的环。

㊁ 基座：CVD 薄膜生长过程中，用来托举衬底的平台。

块状结晶到外延薄膜结晶都在不断进步。块状结晶和薄膜结晶的区别，我们在这里稍做说明，如图 10-2-1 所示。第 6 章曾经介绍过硅结晶的方法，主要是先进行块状结晶（硅晶棒），然后进行切片得到硅晶圆。而碳化硅以及下一章氮化镓的制造，与硅晶体的制造不同，都是薄膜结晶。

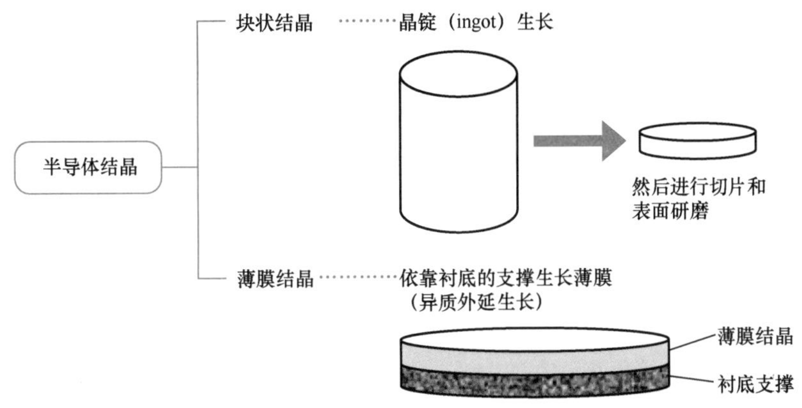

图 10-2-1 块状结晶与薄膜结晶

10-2-2 升华法

块状结晶中，最古老的一种方法就是升华法。升华是指物质从固态（不经过液态）直接变成气态的物理过程。半导体制造行业中将这种方法称为升华法。

在常压下，碳化硅不会出现液态，升华法正是利用了这个特性。如图 10-2-2 所示，把

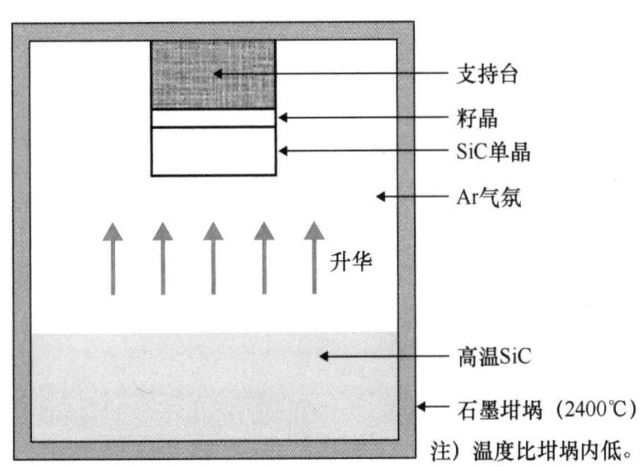

图 10-2-2 升华法的原理示意图

石墨坩埚加热到 2400℃，将其中的固态碳化硅加热到高温，升华成气态，然后在上方的籽晶上重新凝结成晶向一致的固态单晶。籽晶以及上方的支架也必须达到 2000℃。这里所使用的石墨坩埚，其主要成分是碳元素，遇到高温会析出的也是碳。而碳本身是碳化硅的组成元素之一，所以高温析出的碳并不会污染碳化硅。对比起以前说过的，用 CZ 法制备硅晶体时，石英坩埚中的氧会对硅晶体造成污染。

石墨（Graphite），在日本称为黑铅。为何叫作铅，原因不得而知。其实石墨是碳的单质，里面是不含有铅这种元素的。

这样得到的薄膜结晶的晶向，是与籽晶的晶向一致的。这和第 6 章硅晶体里所说的一样。

在碳化硅结晶时，通常也需要混入一些杂质，来提高晶体的导电性，一般是掺入 N 型杂质。另外这个方法需要提供很高的温度，如果坩埚体积太大，温度的均匀性就无法得到保证，从而影响薄膜晶体的质量。所以如何提高晶圆的尺寸，也是一个需要解决的问题。

10-2-3 溶液生长法

升华法制造碳化硅的薄膜结晶，成本较高，缺陷也比较多。所以有人开始研究溶液生长法，这种方法还处于研究阶段。如图 10-2-3 所示，碳化硅在常压下不存在液态，但可以把硅放在碳质的坩埚中高温熔化，用碳质坩埚中析出的碳与硅进行反应，然后在籽晶上产生固态的碳化硅结晶。这种技术以后可能会得到更多的重视。

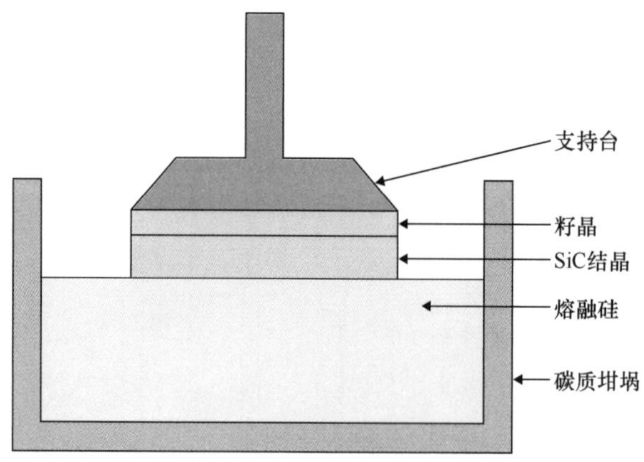

图 10-2-3　溶液生长法的示意图

10-3 碳化硅的优点与研究课题有哪些

我们已经知道，碳化硅最引人注目的优点是与硅材料相比更耐高电压。本节将继续从材料的角度来看碳化硅的优点。

10-3-1 碳化硅的优点

正如我们一直以来所说的，碳化硅的应用，使功率器件不再受限于硅的极限，实现了性能的突破。还有一个优点是碳化硅器件的生产工艺，大体上可以继续使用原来硅器件的工艺。但其中也有缺点，比如不像硅那样可以有那么多掺杂物的选择，在 IGBT 器件的制造方面也有一定的困难。

由于碳化硅的绝缘耐压性几乎是硅的十倍（见图 10-1-3），所以在承受同样的极限电压的情况下，碳化硅材料的厚度只需要原来硅材料的 1/10。所以碳化硅器件的尺寸就可以比硅小很多，实现器件的小型化，如图 10-3-1 所示。

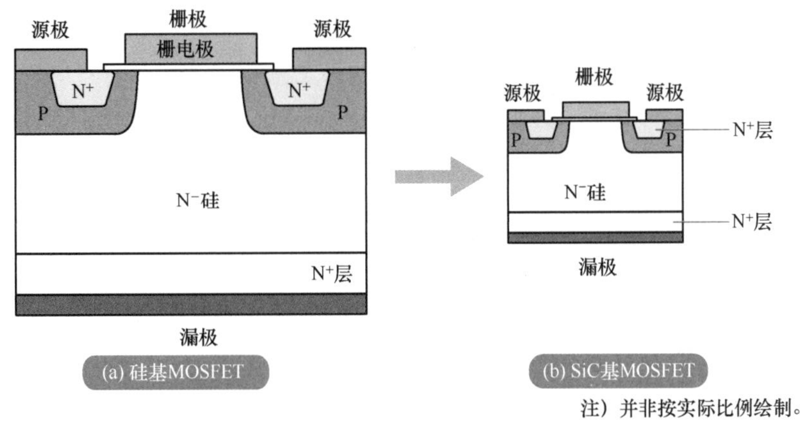

图 10-3-1　材料的进步带来功率半导体器件的小型化

还是关于绝缘耐压性，换个角度看，在同样的器件尺寸下，碳化硅的器件可以耐受比硅高 10 倍的电压，从而实现大功率高速开关电路的功能。

碳化硅的耐热性也比硅更强，可以在更高的温度环境下工作。

10-3-2 碳化硅场效应管的制造

碳化硅的场效应管（SiC FET）也和硅基功率 MOSFET 一样，为了允许通过更大的电流，所以采用纵向的器件结构，充分利用晶圆的厚度方向。如图 10-3-2 所示，碳化硅场效应管也可以实现硅基 MOSFET 的垂直双扩散结构。所以我们可以看到，器件结构相同时，硅的工艺可以沿用到碳化硅上。

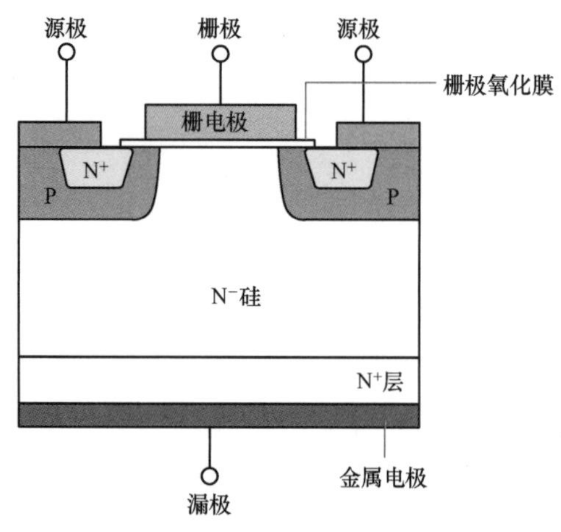

图 10-3-2　平面栅 SiC FET 的结构示意图

为了器件的小型化，沟槽型 SiC FET 也已经得到了应用。硅的技术思路可以为碳化硅所用，如图 10-3-3 所示。

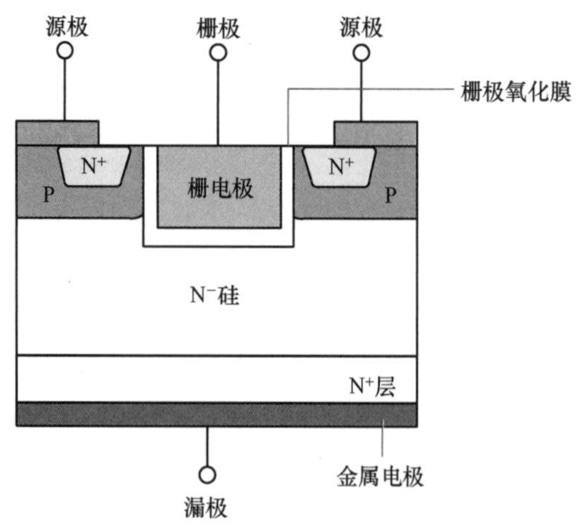

图 10-3-3　沟槽型 SiC FET 的结构示意图

10-3-3　重重挑战

当然，碳化硅也面临着严峻的挑战。其中之一，也是导通阻抗的问题。目前所得到的

碳化硅晶体的导通阻抗，相比于理论的最低极限来说还是明显偏大。原因之一可能是在碳化硅上形成 SiO_2绝缘层时，SiO_2/SiC 之间会形成更多的界面态㊀。而在硅材料中，SiO_2/Si 之间的界面态没有那么多，如图 10-3-4 所示。

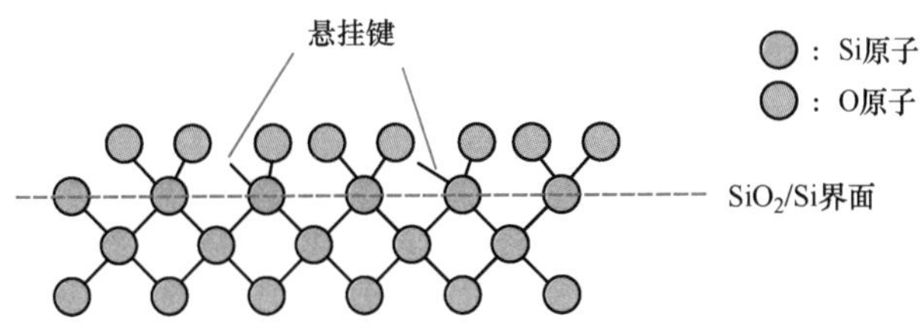

图 10-3-4　SiO_2/Si 界面态的示意图

由于这些界面态的存在，SiC 的沟道中流动的载流子更容易被俘获，载流子的迁移率就受到了影响。目前碳化硅的结晶主要是 4H 结晶。同一籽晶体结构的不同晶面，对载流子迁移率的影响程度也是不一样的，这是以后的研究课题之一。

10-4 实用性不断提升的碳化硅晶片

作为硅材料的替代品，碳化硅不断受到人们的关注。本节将介绍碳化硅器件替代硅器件进入实用化的一些案例。

SiC 的应用

SiC 的应用范围很广，首先来看利用其耐高温特性的例子。在汽车发动机领域，由于是高温工作环境，就可以发挥其耐高温的优点。11-4 节就是关于电动汽车（EV）发动机的例子。发动机需要用到 IGBT 器件，当碳化硅取代硅之后，器件可进一步小型化，而且电力损失更低，因此非常利于环保。4-4 节曾经说过，电动汽车中的电池是直流电源。汽车电池所提供的电力，首先要经过整流器进行升压或降压，再通过逆变器转换成感应电动机所需要的三相交流电。这需要经过升压和降压的过程，4-4 节中已经介绍过了。这里将要介绍的是升压、降压的具体原理以及电路。请看图 10-4-1。

首先要通过场效应管等开关电路，把直流电压斩波（Chopper）变成一系列脉冲信号。

㊀ 界面态：两籽晶体之间的界面上，由于晶格常数不匹配，产生了大量不饱和的悬挂键，这些悬挂键每个都缺少一个电子，因此会将沟道中自由移动的电子俘获。

所谓斩波，就好像用一把刀，把连续的直流信号切碎成非常细小的片，每一片就是一个脉冲。然后利用这些脉冲信号进行升压、降压的操作。

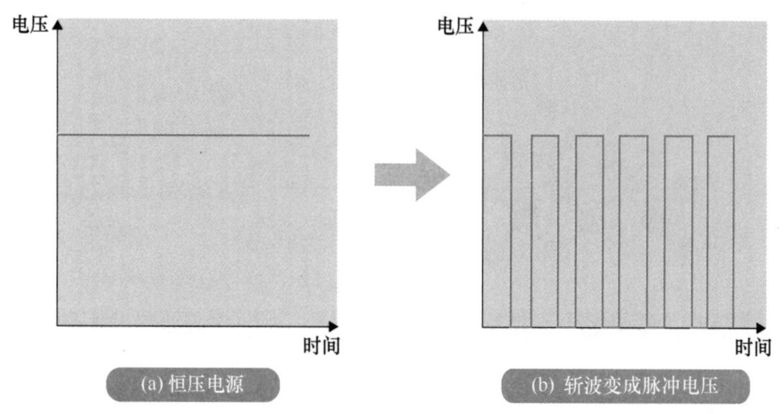

图 10-4-1　升压、降压中的斩波原理

解释一下降压的过程，如图 10-4-2（a）所示。电路中的电源是左侧的直流高电压 E_H，通过中间的开关电路（IGBT）、二极管、电感，最终从右侧输出低电压 E_L 提供给后面的负载。当 IGBT 导通时，二极管支路反向截止，E_H 对电感充电，电感产生反方向的感应电势，因此在右侧得到的 E_L 电压值比 E_H 小。而当 IGBT 突然关闭，由于电感中的电流不会发生突变，于是会向右产生一个感应电势，也就是 E_L，并且这个感应电势也会使二极管正向导通，使电感、负载、二极管形成一个回路，E_L 的电压值也会随着时间的推移被消耗变小。于是，当 IGBT 按照一定的占空比（Duty Ratio）持续开关的时候，就会得到一定值的 E_L 电压，这个电压小于 E_H。

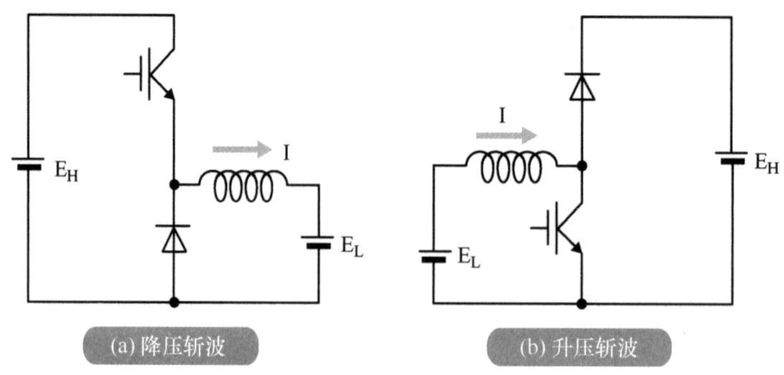

图 10-4-2　斩波电路实现电压变换

升压的过程与降压相仿，如图 10-4-2（b）所示，读者可以从电路分析的角度来考虑。

IGBT 按照一定的占空比进行开关，就可以从小电压 E_L 得到大电压 E_H。无论是升压还是降压过程，都是利用 IGBT 高速开关对直流信号进行斩波来实现的。

下面看一下如何用逆变器把直流信号变成交流信号。如图 10-4-3 所示，左边的直流电源通过这样的电路变成三相交流电，来驱动感应电动机。变化的过程，简单来说，也是利用 IGBT 开关作用，通过精密控制各个 IGBT 的开关时间，来决定流入三相电动机的电流时间以及方向，也就是三相交流电。具体过程这里不再展开，读者可参考专业书籍。图中所用的 IGBT，需要并联一个续流二极管，这在以前也是提到过的，用来使器件快速关断。IGBT 与续流二极管如今都可以用碳化硅器件来代替。

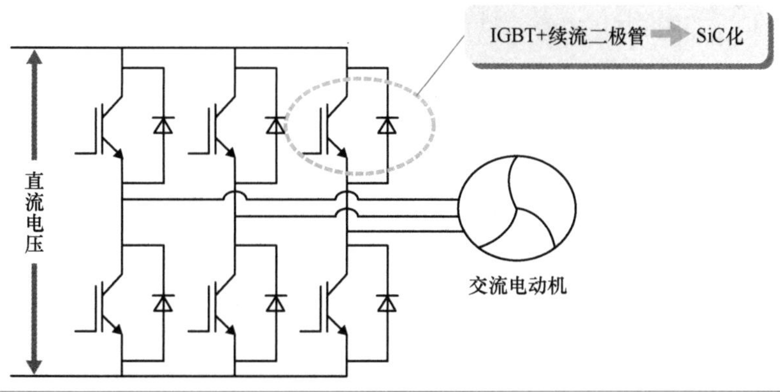

图 10-4-3　逆变器电路控制三相电动机

最后看一下图 10-4-4，这里画的是各种功率器件的应用范围。更高的频率、更大的功

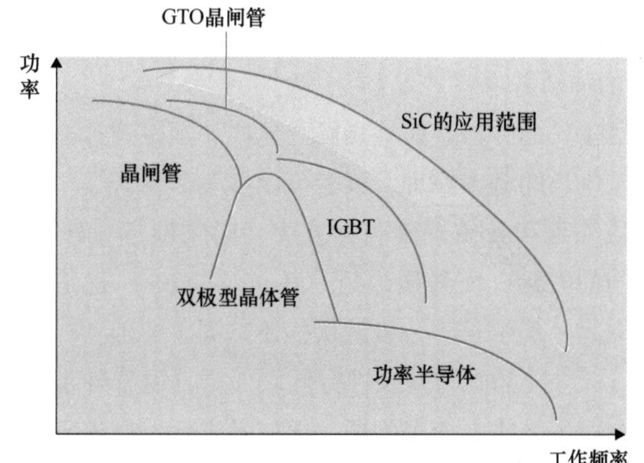

图 10-4-4　碳化硅的应用范围示意图

率，这些要求都是硅基功率器件所不能达到的，但是碳化硅器件却可以胜任。下一节所讲的氮化镓器件，也可以达到这样的要求。

10-5 氮化镓晶圆的难题——异质外延

本节将介绍与碳化硅一样备受瞩目的氮化镓功率器件。

10-5-1 什么是氮化镓

从元素周期表（图6-1-1）看，氮化镓（GaN）是由Ⅲ族元素镓（Ga）与Ⅴ族元素氮（N）构成的半导体，是具有代表性的Ⅲ-Ⅴ族化合物半导体。氮化镓的禁带宽度高达3.39eV，因此与碳化硅一样，属于宽禁带半导体。

2014年，三位日本科学家凭借能够发出蓝光的氮化镓发光二极管，获得了诺贝尔物理学奖。如今大家熟知的蓝光光盘，正是借助氮化镓蓝光激光发射器来制作的。氮化镓半导体功能强大，可以实现蓝光紫外光波段的发射器和探测器，用作功率器件也具有超高频、高效率、耐腐蚀、耐辐射等诸多优点，因此是21世纪电子信息产业最受关注的研究热点。

另外，值得一提的是，氮化镓材料没有毒性，可以在各种器件中替代硅。

10-5-2 GaN晶圆的制造方法

用于功率半导体的氮化镓单晶生长技术还不够成熟。仅仅2英寸的GaN单晶片，售价竟然高达5000美元。截至2022年，才终于有厂家宣布实现了6英寸单晶量产。这显然无法满足产业界对GaN的强烈需求。

因此人们采用外延生长的方法，在硅晶圆上异质外延得到GaN层，来满足大尺寸GaN晶圆的需求。关于外延生长的基本原理，读者可以参考7-3节。

外延生长包括同质外延和异质外延两种方式。同质外延（Homoepitaxy）是指基底材料与外延材料完全相同的外延。而**异质外延**（Heteroepitaxy）就是在基底上生长出与之不同的外延材料。但是提起外延生长，一般默认的还是同质外延。

可以参考图10-5-1。以硅晶圆为基底进行同质外延，由于外延层也是硅，两籽晶体的晶格常数一致，就不会产生晶格畸变等问题。而如果进行异质外延，由于外延层的原子与基底原子不同，晶格常数也不一致，所以必定会产生晶格畸变。

如图所示，硅的晶格常数与氮化镓的晶格常数并不一致。为了使两者能匹配，关键就是要先生成一层低温缓冲层（Buffer），缓冲层的晶格常数必须介于硅和氮化镓之间，来缓解晶格畸变的现象。通常在硅和氮化镓之间作为缓冲层的，是铝镓氮（AlGaN）材料。

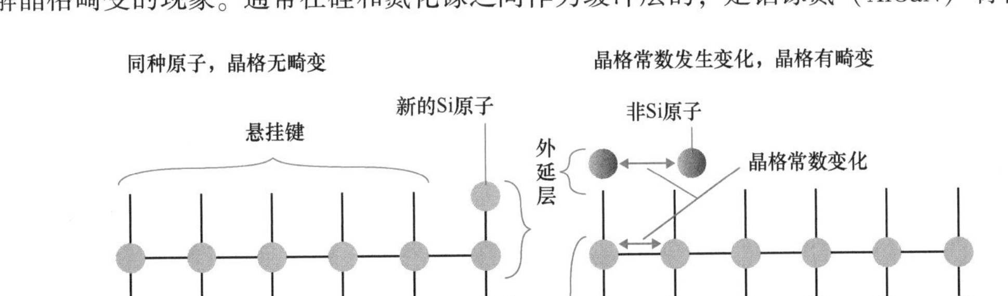

图 10-5-1　外延生长的示意图

GaN 功率半导体所面临的挑战将在下一节介绍。但这里可以先说一下，就是在硅的基底上外延出的 GaN 晶圆，在器件制造方面会受到严重的制约。

用于功率器件的 GaN 一般采用硅基材料进行异质外延，而用于制造其他半导体器件时，也可以在蓝宝石（Al_2O_3）基底上进行外延。

10-6 氮化镓的优点与挑战

与碳化硅一样，氮化镓具有更高的开关频率、耐高电压的优点，成为功率器件领域取代硅材料的又一理想选择。本节将介绍氮化镓器件在材料方面所面临的技术困难。

10-6-1 器件方面的困难

氮化镓与碳化硅一样，可以取代硅获得器件性能的突破，并且可以继承硅器件的许多工艺方法。但也面临着掺杂物、器件结构方面的困难。

首先，GaN 无法实现纵向器件结构。目前通行的 GaN 的各种功率器件，都是横向结构。原因就是上一节所说的，因为现在的 GaN 晶圆都是在硅晶圆上外延生长出来的，如果采用纵向器件结构，背面就不再是 GaN 而是硅材料，性能将完全不一样。

当然，如果使用昂贵的GaN单晶材料，也是可以实现纵向器件结构的，而且输出功率可以高达10kW以上。因此，如果把GaN功率器件应用到诸如电动汽车产品中，主机系统可以采用大功率的纵向器件，而辅机系统可以用小功率的横向器件，这是许多电动汽车厂家的设想。至于什么是主机、辅机系统，读者可以参考4-4节的说明。横向和纵向结构器件，都在图10-6-1中给出了示意图。需要再次说明的是，横向结构器件是在硅基底上异质外延出GaN，两者之间有一层**缓冲层**（Buffer）。图10-6-1中i-GaN是指没有进行任何N型或P型掺杂的本征GaN材料，字母i代表了Intrinsic，表示固有的、本身的。为了使源极、漏极的金属电极与半导体实现欧姆接触[㊀]，还要在GaN的上面外延出一层N型掺杂的AlGaN层。

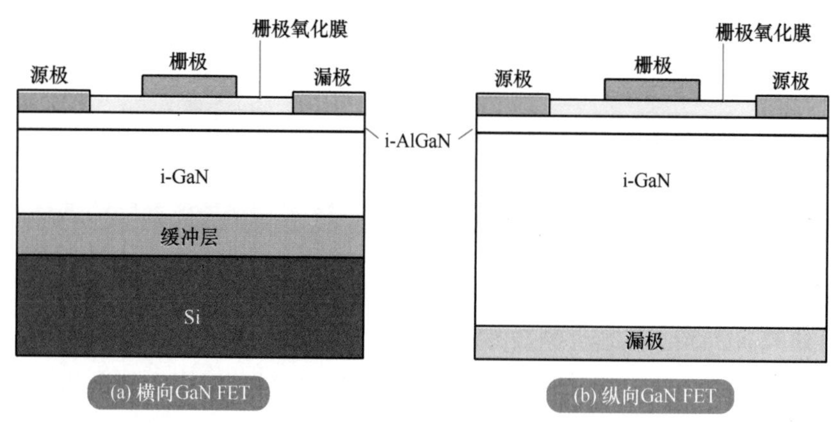

图10-6-1　横向和纵向结构GaN器件示意图

GaN的场效应管也面临器件可靠性的问题。在电动汽车这样的应用领域，对器件可靠性的要求比其他应用领域更高。

10-6-2　其他课题

电流崩塌（Collapse）是GaN所面临的一个比较重要的问题，尤其是在HEMT（高电子迁移率晶体管）器件中。具体来说就是当氮化镓功率器件在低电压下工作时，导通电阻较小，而在高电压下工作时，导通电阻却大大增加。这是由于当器件的源极与漏极之间存在高电压时，沟道中的电子能量更大，更容易隧穿上方的AlGaN层，而被AlGaN与表面保护层之间的界面态所俘获。因此沟道中的载流子浓度就大大降低，导通电阻提高了。

㊀ 欧姆接触：Ohmic Contact，是指金属与半导体接触时，由于半导体掺杂浓度高，电子可以隧穿通过势垒，实现的一种低电阻的接触方式。与之相反的是高电阻的肖特基接触。

图 10-6-2 解释了这个现象。功率器件总是会存在各种各样的电力损失，但还是应当设法避免。解决方法也许在于表面保护层的制造工艺上。

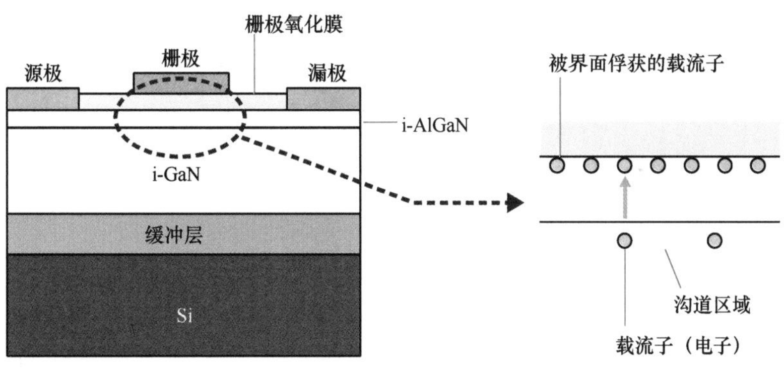

图 10-6-2　电流崩塌现象

10-7 氮化镓常闭型器件的挑战

本节将介绍 GaN 功率器件中所面临的技术性难题。其中之一就是常闭型 MOSFET 的实现，这是 GaN 材料所独有的难题。

10-7-1　无法截止的困难

首先，什么是**常闭型**[㊀]（Normally off）？可能许多读者并不知道这个概念。在解释之前，我们顺便再提出它的反面，也就是**常开型**（Normally on）。把两者一起进行比较。

所谓常闭型 MOSFET，就是栅压为 0V 时，沟道不导通，器件处于截止状态的 MOSFET。就像自来水，拧开水龙头就流出水，平时水龙头拧紧了就不会有水流。如果把这种 MOSFET 的栅压 V_G 和漏极电流 I_D 的关系画成曲线（**亚阈值曲线**），就会如图 10-7-1（a）所示。

这个曲线可以预测栅压增加时，器件的导通电流变化情况。对于常闭型器件来说，当栅压为 0V 时，导通电流为 0，器件处于截止状态。而对于常开型器件，在栅压为 0V 的时候，导通电流却不是 0，沟道中已经有电流的存在。这就像水龙头已经关到最紧，可是依然有水流出来，造成浪费。

㊀ 常闭型：集成电路 MOSFET 器件的一种类型，又称为增强型。与之相对的常开型又称为耗尽型。功率半导体依然沿用了集成电路中的称呼。

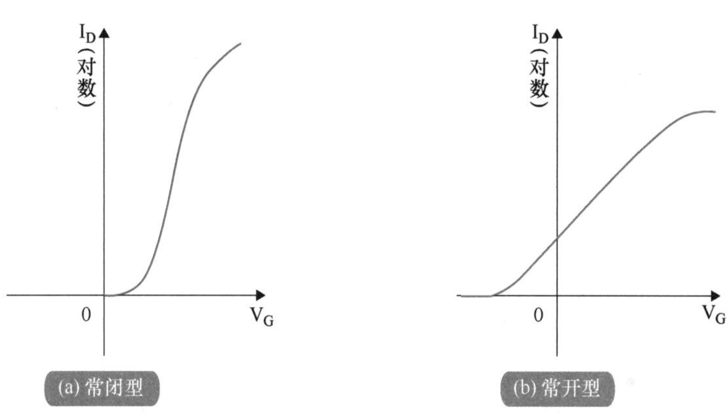

图 10-7-1　常闭型与常开型 MOSFET 的亚阈值曲线

为何会出现常开型？可能和 GaN 的物理性质有关。简单来说，GaN 相比于 Si，沟道中**二维电子气**的密度非常高，有利于沟道的导通。即使不加栅压，沟道中也有非常多的电子存在，使沟道呈现导通的状态。我们用图 10-7-2 来说明这个问题。

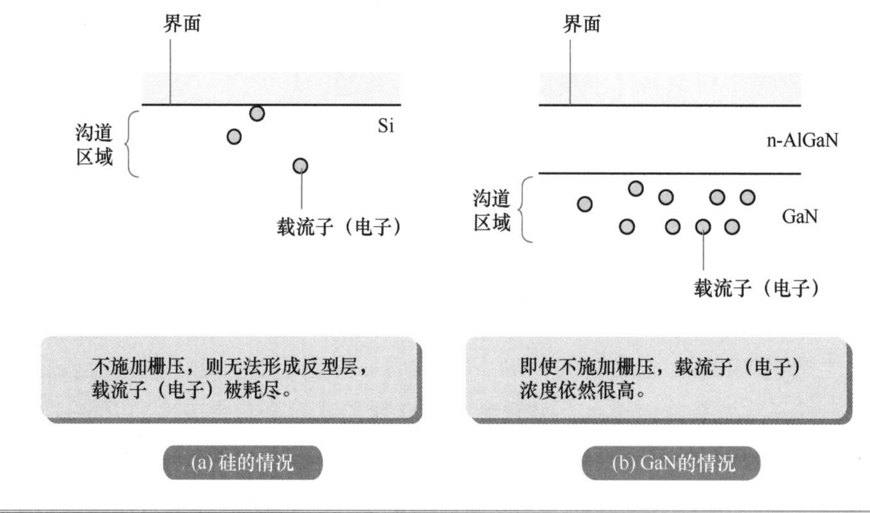

图 10-7-2　常开型器件的成因

10-7-2　常闭型器件的优点

对于功率半导体来说，高速开关特性是它最重要的作用。前面讨论的各种应用都是建立在器件能自然关闭，也就是常闭型的基础上的。

例如，GaN 用在电动汽车逆变器上时，无论是从电路的简化，还是从失效安全㊀的角度，都要求使用常闭型器件。直流整流电路中，也要求使用常闭型器件。

10-7-3 实现常闭型 GaN 器件的对策

GaN 功率器件天生容易形成沟道，所以要实现常闭型器件，就必须在器件结构上想办法。比如可以提高阈值电压（使导通电流等于 0 时的栅压，在常开型器件中阈值电压是负值）。为此解决办法之一是缩短栅极与沟道之间的间距，也就是在 n-AlGaN 层上形成一层**凹槽**（Recess）。

图 10-7-3 展示了这种凹槽结构。当然，实现工艺是复杂的，但这方面所开展的研究也非常多。除了凹槽结构，还有其他方法可以实现常闭型器件，这里就不一一列举了。

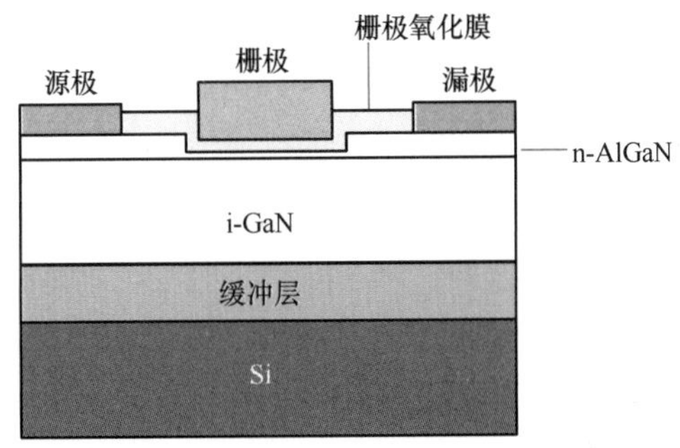

图 10-7-3 凹槽结构的 GaN 功率器件

10-7-4 GaN 的魅力

在功率半导体以外，GaN 也有许多用途。例如利用其高频特性而研发的 HEMT（高电子迁移率场效应管）高速器件，移动 WiMax㊁技术中用于通信的高速放大器件等。

前面也说过，GaN 发光二极管可以实现蓝紫光发光，也可以制作短波长激光器读取蓝光（Blue-ray）光盘。总之，GaN 用途广泛，是目前半导体领域关注的焦点。

10-8 晶圆生产企业的动向

本节将介绍面向功率半导体的 SiC 和 GaN 晶圆生产企业的发展情况，并作为参考。

㊀ 失效安全：又叫作故障保险，是当设备或系统即使发生了误操作的情况下，也可以确保安全的一种保障措施。

㊁ WiMax：Worldwide interoperability for Microwave Access 的缩写。它是一种高速宽带移动通信技术。

10-8-1 克服成本问题

SiC 和 GaN 的材料性能虽然非常有吸引力，但晶圆制造一直是难以解决的问题。

SiC 晶圆的成本一直都很高。虽然已经实现了一定程度的量产，但与硅晶圆相比还是过于昂贵。4 英寸 SiC 晶圆甚至卖到过每片 30 万日元。市场供货量少，所以价格也居高不下。目前 6 英寸晶圆已经开始实用化，8 英寸也在研发中。

10-8-2 SiC 晶圆激烈的商业竞争

不同于硅晶圆的市场，SiC 晶圆目前是美国科锐（Cree）一家独大。高额利润吸引着其他企业也在不断加入，尤其是一些风投企业也在试图进入市场。

可以举个例子，日本一家以化工为主业的企业，收购了其竞争对手某金属大厂（同时也是硅晶圆生产大厂）的全部 SiC 晶圆相关资产，打入了 SiC 市场，足可见这个市场巨大的吸引力。当然同行业之间合作的现象也是有的，感兴趣的读者可以关注一下行业新闻。

电动汽车企业对 SiC 基的 IGBT 器件兴趣正浓，因为 SiC 良好的耐热性，非常适合于车用逆变器的制造。日产、丰田、电装（Denso）等电动汽车相关企业，实现了 SiC 功率半导体的内制化，进行自主研发。电动汽车企业的这种内制化的趋势，以及风险企业的积极参与，使整个行业充满了流动性和活力。

这些虽然只是一些个例，但从中不难看出 SiC 晶圆的市场现状。这与当年硅晶圆市场很像，一开始有大量的企业涌入参与，但谁能笑到最后犹未可知。今后 SiC 的市场动向值得更多的关注。

10-8-3 GaN 晶圆市场的动向

GaN 晶圆市场的参与者目前也非常多。当然，这些企业并不是生产 GaN 单晶晶圆，而是在硅晶圆上外延生长 GaN。

这种外延晶圆已经达到了 6 英寸工艺水平。但目前来看，GaN 在蓝光 LED 的市场，要比功率半导体市场更为主流。而电动汽车相关企业也在考虑将 GaN 单晶制造（注意这里是 GaN 单晶，而非前面所说的硅基外延 GaN 晶圆）进行内制化。

图 10-8-1 列出了 GaN 功率半导体晶圆可预期的市场和领域，以供参考。

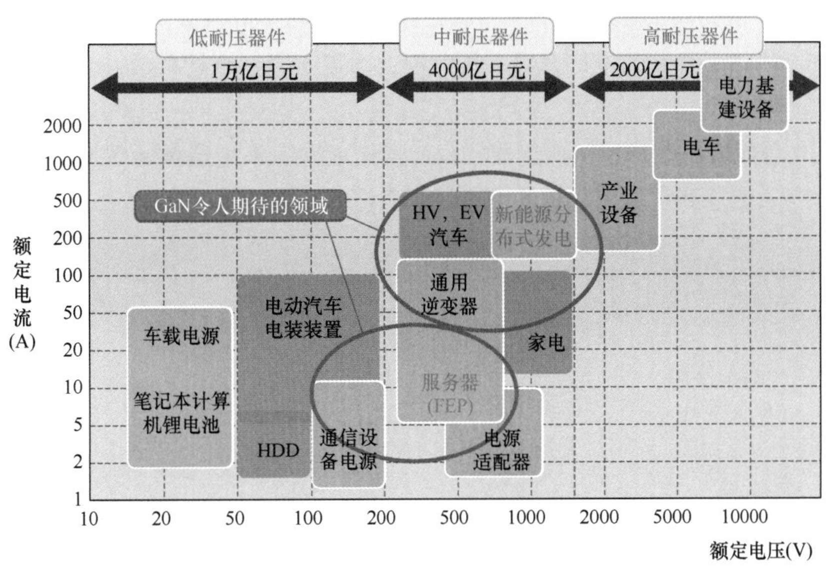

图 10-8-1　功率器件市场规模和 GaN 的应用领域

专栏：　时代总是在循环

关于晶圆材料，笔者想起了很多往事。第 6 章里说过，很久以前硅晶圆都是半导体生产企业自己制造的。西门子法、Dash 缩颈法等都是那时的产物。包括日本在内，在半导体产业发展之初，企业也都是这种综合性生产模式。

许多企业都实现了晶圆的自给自足，包括笔者当时所在的企业。记忆中，那些从事晶圆研发的工程师们地位都非常高，让人很是崇拜。之后许多企业（化学、金属、机械等）看到了晶圆产业的巨大市场，也投入了这一行业。经过激烈的搏杀，最后生存下来的企业就是我们现在看到的样子。普通人只看到某某企业又改名字了，但他们不知道其实里面包含了多少曲折，多少变迁。

本章在介绍 SiC 和 GaN 材料的时候，也特意说明了它们在半导体发光领域的应用。蓝光 LED 领域，笔者所在的企业也有这块业务，曾经也是许多企业研发的热门领域。如今 SiC 市场的激烈竞争，让笔者感到似曾相识，仿佛看到了硅晶圆市场曾经的样子。

其中，电动汽车企业试图实现 SiC 和 GaN 晶圆的自给自足，这一点尤其引人注目。

另外在新能源列车领域，SiC 已经作为成熟的功率半导体产品投入了实际应用。2020

年7月，JR东海道公司的新型列车N700S投入运营，列车搭载了SiC功率模块。名字中用S（Supreme）表达了对新技术的自信。运营的业绩也表明，这种新材料的确达到了节约电力的目的。

这种SiC功能模块是日本国内企业联合开发的成果。乘坐这种新型列车享受科技感的时候，有没有人注意到它发车起步的声音是什么样的呢？

CHAPTER 11

第 11 章

功率半导体开拓的碳减排时代

在本书的最后一章，笔者想描绘一下功率半导体为我们带来的 21 世纪碳减排时代。读者可以轻松地与笔者一起体会科技给人类生活带来的福音。

11-1 碳减排时代与功率半导体

21 世纪被称为绿色能源的时代。我们来看一下功率半导体在整个能源产业中，从上游到下游都有什么样的活跃表现吧。

11-1-1 碳减排时代

首先来回顾一下近几年在能源方面发生的大事。美国前总统奥巴马曾出台政策，扩大对绿色能源产业的投资，让全美都覆盖智能电网（Smart Grid），以此来刺激新的经济增长。这项政策被称为绿色新政㊀。

不仅是美国，在 2008 年以雷曼兄弟公司破产为开端的次贷危机影响下，各国都提出了自己的绿色新政来提振经济。大家都把目光转向了太阳能、风能等可再生能源，铁路、电网基础设施现代化，从国家建设到家庭生活的新的一揽子能源计划。

日本也把政策落实到每个国民的日常生活中，包括环保概念的普及，以及对太阳能等新能源事业的经济补贴政策。

绿色能源、可再生能源、低碳社会等新名词迅速成为人们谈论最多的关键词。但这些关键词也一直在更替。现在最时髦的关键词已经是碳减排社会和碳中和。如何抓住时代进步的脉搏，掌握核心科技，这是一个很重要的问题。

在整个绿色能源产业中，笔者按照自己的理解，把人们关注的话题做一个排列，主要有：可再生能源开发、智能电网、降低环境压力交通基础设施、办公和家庭节能等，以及由这些所带来的新技术和新的就业市场等，如图 11-1-1 所示。

11-1-2 电源的多样化

电能的传输离不开电网，建立一套什么样的电网系统，是我们需要面对的第一个问题。传统的发电厂、输电线、风力发电、太阳能发电等大规模电力设施，以及燃料电池、移动电源等小规模电源，都必须在这套电网中共存，成为电力的供应者。

风力发电有风力发电厂（Wind Farm），太阳能发电有太阳能发电厂（Solar Power Plant），这些都曾经在特定的时代成为热门关键词。日本在这些新能源开发利用方面一直是走在世界前列的。

㊀ 绿色新政：Green New Deal。所谓新政（New Deal）的说法，最早来源于 1933 年大萧条时美国罗斯福新政。

绿色能源产业从上游到下游分别在研究哪些课题，都列在了图 11-1-1 中。

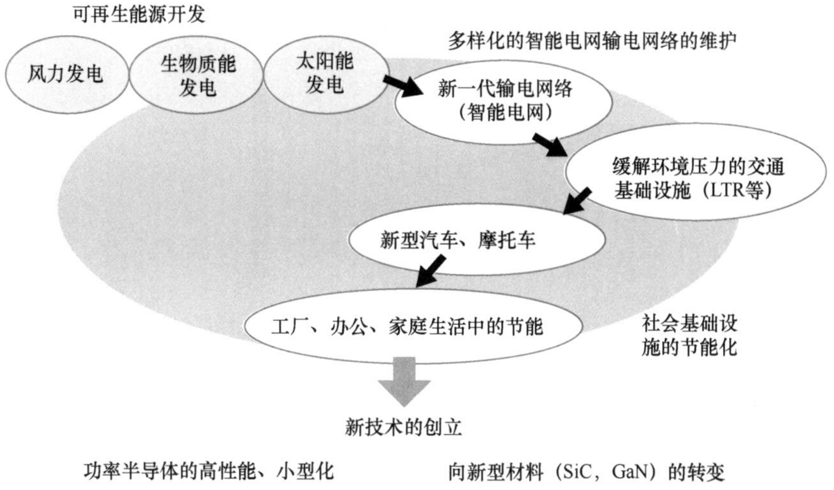

可再生能源开发
风力发电
生物质能发电
太阳能发电
多样化的智能电网输电网络的维护
新一代输电网络（智能电网）
缓解环境压力的交通基础设施（LTR等）
新型汽车、摩托车
工厂、办公、家庭生活中的节能
社会基础设施的节能化
新技术的创立
功率半导体的高性能、小型化
向新型材料（SiC，GaN）的转变

图 11-1-1　绿色能源产业从上游到下游的研究课题

功率半导体追求高性能和小型化，在器件制造方面正在转向 SiC、GaN 等新型材料。

电动汽车相关企业正在自主开发功率半导体器件。集成电路行业走向世界范围内的水平分工合作的时候，功率器件领域却是以关键技术、关键器件为核心建立垂直统合的生产模式。

11-2 对可再生能源而言不可或缺的功率半导体

绿色新政中最不可或缺的要素是绿色能源。其中最早出现的绿色能源，也是所谓第一代可再生能源，就是太阳能电池。

11-2-1 什么是太阳能电池

太阳能电池，来自英语 Solar Cell。它可以像日常生活中常见的蓄电池那样提供电力，但是又和它们有明显的区别。严格来说，太阳能电池应该被称作光电转换装置。在特定的场合，的确有这样的表述方法。

简单介绍一下太阳能电池的结构和原理。如图 11-2-1 所示，在半导体 PN 结中，某个原子中的电子吸收了太阳光子的能量并被激发，从而产生了导带的电子和价带的空穴。电子和空穴被 PN 结两侧的金属电极所收集，并向外供电。如此就形成了光能向电能的转换。

4-6节所介绍的发光二极管，其实是太阳能电池的逆向过程。

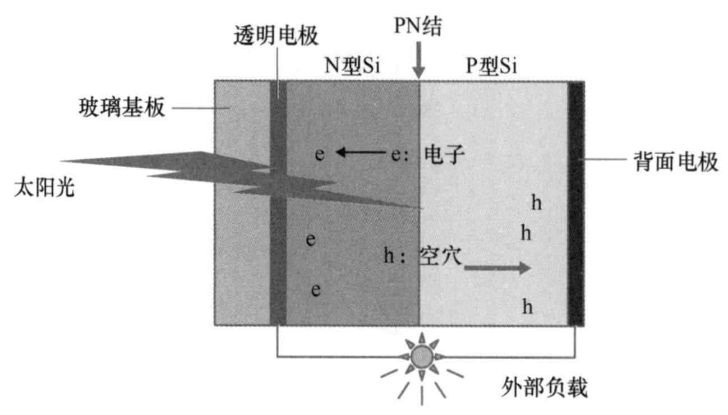

图11-2-1 太阳能电池的结构和原理（以硅基PN结为例）

太阳能电池本身并不能将电能存储起来，等到需要的时候再拿出来用。要存储电能，需要专门的蓄电池。当太阳能发电规模很大的时候，也就需要同样大规模的蓄电池来进行储能。规模最大的太阳能发电厂，在日本被称为Mega Solar。

单个的太阳能电池可以串联在一起，提供直流电压。也可以根据需要，转换成交流电压。

11-2-2 功率半导体在其中的作用

太阳能直接提供的直流电压是不能直接作为商业用电来提供给电网的，而是需要进行升压，以及直流转交流的变换。也就是说要经过整流和逆变，实现这个功能的装置统称为**功率调节装置**（Power Conditioner），如图11-2-2所示。

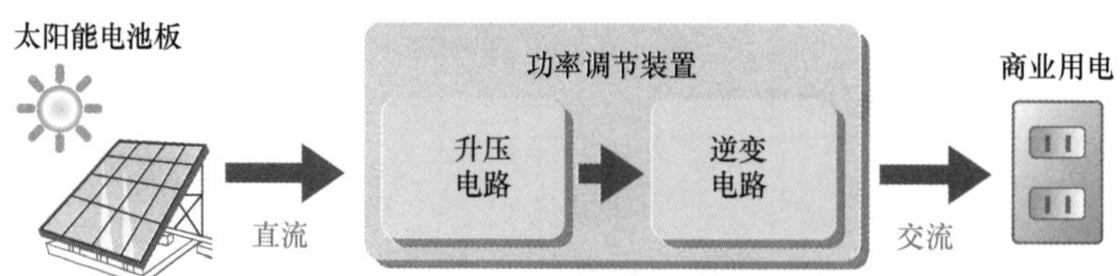

图11-2-2 太阳能发电中的功率半导体

这样的功率调节装置无论是工厂还是家庭，只要用到太阳能发电，就都需要。研究相关产品的企业很多。在日本也是，研究家庭太阳能的家电企业、重型电动机企业、太阳能

电池企业，还有工业太阳能相关的企业有很多，其中有些企业也生产功率半导体。

11-2-3 Mega Solar 计划

在日本，不光是九大电力公司，还有许许多多的参与者都加入了各地的 Mega Solar 计划。因此功率调节装置的市场还有进一步扩大的潜力。除了太阳能以外，风力发电等自然能源发电计划也在推进中。

11-3 智能电网与功率半导体

智能电网（Smart Grid）作为 21 世纪新型电力技术而受到广泛关注。下面看一下智能电网中各个部分与功率半导体的关系。

11-3-1 什么是智能电网

Smart Grid 中的 Smart，是说这个电网很聪明，像一个生命体一样能自己思考并得到最佳的方案。而 Grid 让笔者想起了很早以前的真空电子管里的栅格（Grid）。智能电网是 21 世纪各国都在努力研究和建设的新型电力网络，是时代的希望。

智能电网把以往的**大规模集中发电设施**，以及大量的太阳能电池等新型**分布式发电**设施资源，都集成在同一个电力网络中，对电力进行一体化运用，并且利用高速通信网络技术，根据各处的需求进行统一管理。在这样的管理下，能源不会有浪费，多余的电力可以回收到电网中重新利用。其中的电力转换环节，当然少不了功率半导体。

智能电网向工厂、商业设施、政府机构、办公楼、家庭用户送电和回收电力，过程都是智能的。每个用户，例如家庭用户，所得到的电力是有多种来源的，也就是得到多重保障的，可以参考图 11-3-1。

另外，虽然整个智能电网可以进行大规模的电力输送，但是还是有人建议，在具体的发电或电力消费场所进行小型电网管理（Micro Grid）。当然这样的小型网络还是需要与整个智能电网进行匹配，并以提高效率为目标。

11-3-2 时髦的 Smart

最近以 Smart 开头的新名词很多，比如智能手机（Smart Phone）。Smart 仿佛就是高科技（High Tech）和智能（Intelligent）的代名词。

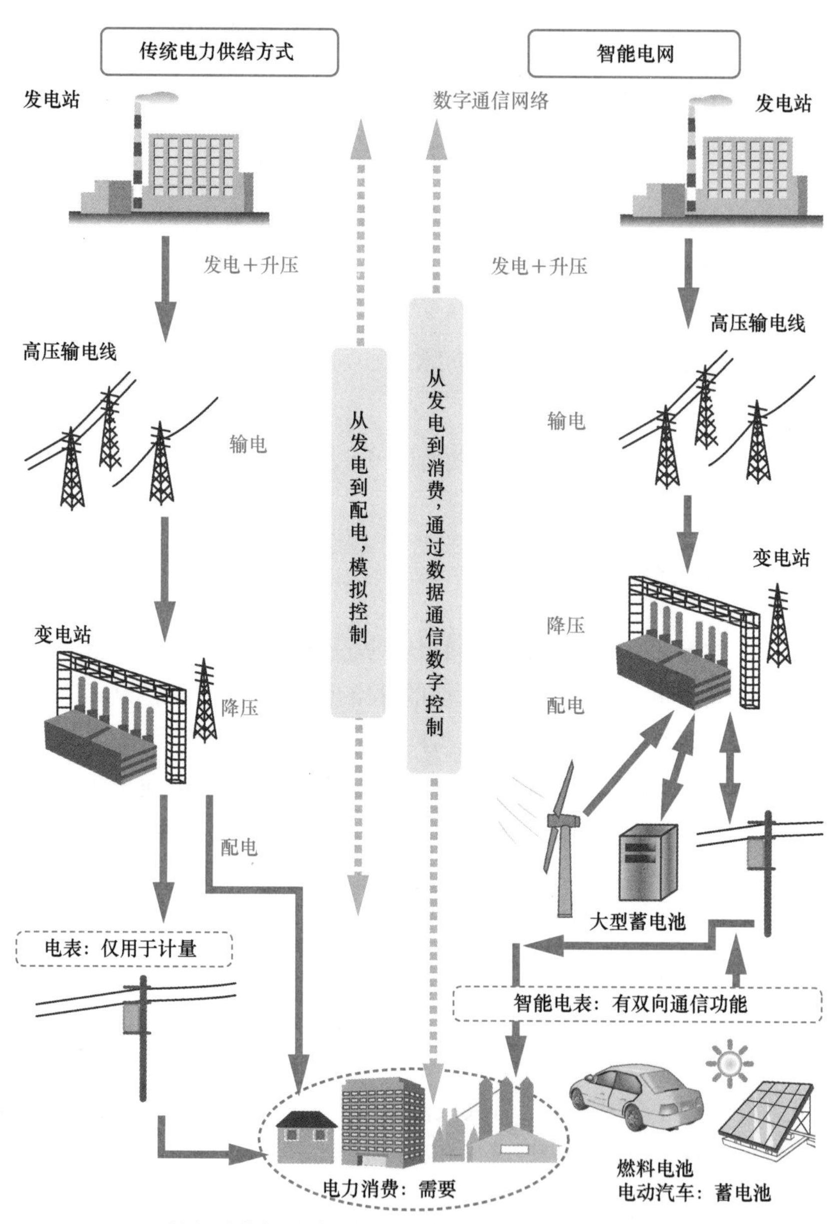

图 11-3-1　智能电网带来哪些改变

图 11-3-2 是一种智能电表，可以测量用户的用电量，并具有通信功能，可以将信息传输给管理部门。这样就省去了人工计量的环节，提高了效率。这种智能电表是从欧美国家

传来的，如今东京电力公司也已经引进并开始使用。

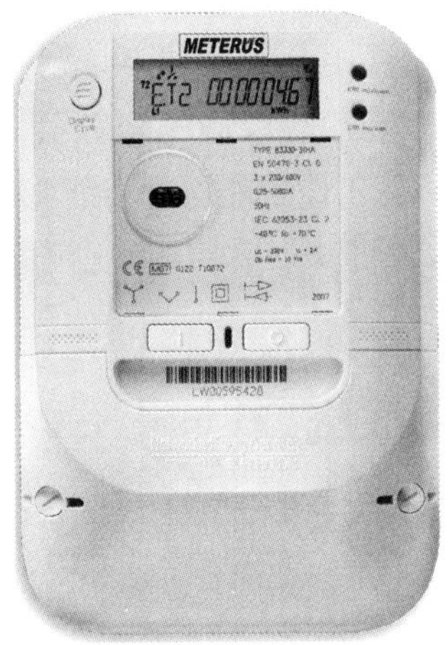

图 11-3-2　智能电表

关于智能电表，还想补充一些信息。欧洲在统一使用欧元的时候，也对各国的电网标准进行了统一，采用同样的交流电频率，因此智能电表也得以快速普及。如马耳他共和国（国土面积只有东京市 23 个区的一半）已经在全国实现了智能电表普及，意大利也正在进行中。

世界各国也都以自己的节奏推进着智能电网的建设。智能电网把以前电力的单向送电方式，变成了双向乃至网络化的送电方式。如图 11-3-3 所示，左边是以前的电网，右边是智能电网，电力基础设施必须更新换代，实现智能化。

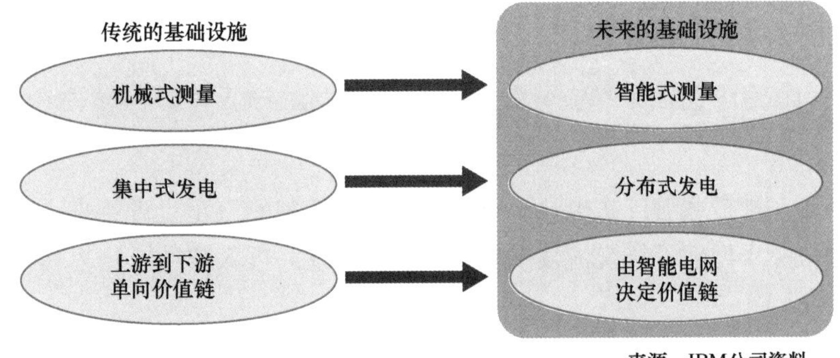

图 11-3-3　智能电网和智能电表

11-3-3 智能城市

比智能电网更宏大、更有前瞻性的是智能城市计划，如图11-3-4所示。所谓智能城市，就是能够将智能电网、可再生能源等设施完全普及，并利用IT技术进行节能管理、构建的环境友好型城市。位于日本首都圈的柏之叶智能城市是一个成功的案例。其中的物联网技术（IoT，Internet of Things）将城市里的各种设施和资源进行万物互联，这也是智能城市最令人向往的地方。

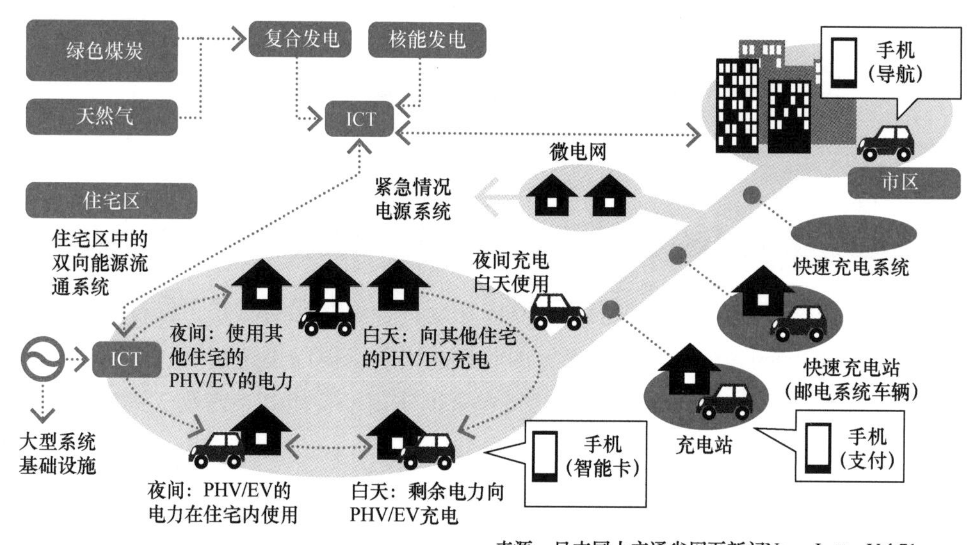

图11-3-4 智能城市计划的概念图

11-4 电动汽车（EV）与功率半导体

电动汽车是一种搭载着二次电池，驱动着电动机行驶的汽车。近年来小型汽车的电动化进程正在加快。小型轻量级交流发动机不断得到开发并进入实用。这里面都少不了功率半导体的功劳。

11-4-1 EV化进程加快

EV（电动汽车），是Electric Vehicle的缩写。小型汽车的电动化如今是世界汽车领域的潮流，并且正在持续加速。

EV 化在一些新兴国家的进程之快，人们甚至跳过了混合动力汽车（Hybrid Vehicle），而直接从燃油汽车升级到电动汽车。也许他们觉得如今投入再多的精力去研究混合能源车，也无法超越日本这样的电动汽车强国。混合动力汽车需要同时装备燃油发动机和电动机，相比之下，电动汽车只需要一台电动机，大大简化了构造。所以 EV 才是汽车行业未来发展的关键词。

在日本，生产和销售电动汽车的企业已经非常多，其中也有一些企业是从其他业务中将资源转移到电动汽车业务中来的。电动汽车不需要燃油发动机，也不需要消耗汽油，只要一台电动机就可以让汽车开动起来，成功实现了碳减排。但电动汽车对功率半导体等器件的需求几乎是普通汽车的两倍，因此汽车行业以外的功率半导体企业也是可以参与到其中的。

电动汽车的能源来自车载的锂电池或镍氢电池。这些都属于二次电池，也就是说需要从其他电源那里来充电。如今大型的停车场都是配有充电设施的。日本的充电电压为 200V，电流为 30A。

还有一种以燃料电池（FCV，Fuel Cell Vehicle）来提供能源的电动汽车，它的原理是将氢气与氧气燃烧得到的化学能转换为电能，碳排放为零。这个过程与电解水得到氢气与氧气的过程是相反的。但是这种燃料电池汽车需要专门的氢气供应站来提供燃料，因此难以推广。日本只有丰田和本田两家公司，各自推出了一款燃料电池汽车，而本田公司已经于 2022 年 7 月宣布停止生产氢燃料电池汽车。

11-4-2 电动汽车的结构

前面提到小型轻量级交流发动机正在进行研发，而目前电动汽车的主流正是使用这样的交流发动机。

它的工作原理是首先将电池提供的电能进行整流升压，再通过逆变转换为交流电，这就需要用到功率半导体。相关的原理可以参考 4-5 节。交流电要求是三相交流电，这样电动机的工作效率是最高的。三相交流电的内容可以参考图 10-4-3。

电动汽车中的电动机、电池、转换装置和充电装置的示意图，请看图 11-4-1。最近我们在大型的汽车停车场都可以看到汽车充电桩，这是汽车电动化持续推广的必备条件。而这些充电桩也是上一节说到的智能电网的一部分。

汽车生产企业和充电设备生产企业，都在进行车用逆变器的小型化研究。

第 10 章提到的碳化硅也在其中有所表现，因为对电动汽车进行大电流充电一定需要 IGBT 器件。但是从目前的报告来看，碳化硅功率器件相比于原本的硅器件，会导致充电成本的上升。

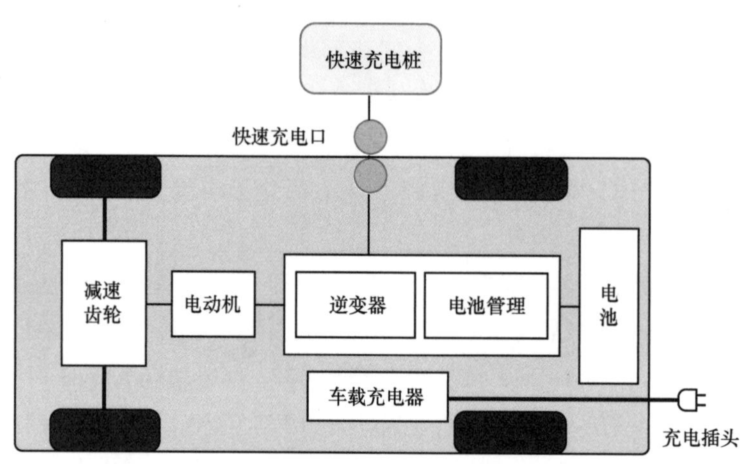

图 11-4-1　电动汽车的结构示意图

11-4-3　电动汽车是电子控制系统的大集合

除了电动机以外，电动汽车中其他与电力有关的部分，如图 11-4-2 所示，包括升压和降压电路，使用 42V 直流供电的功率控制系统、空调系统，以及使用 12V 或 14V 直流供电的车窗控制、雨刷控制、音响、导航系统等，这些系统都需要直流整流供电。

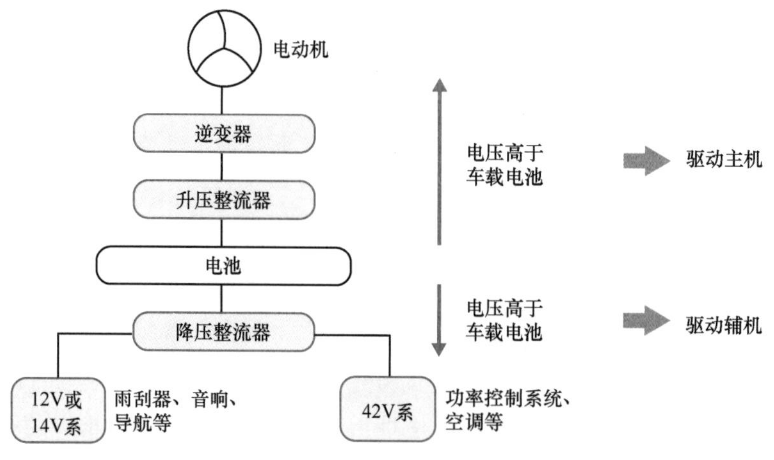

图 11-4-2　电动汽车中的电源

再加上电动机、能源管理、传感器、安全保护等系统，整台电动汽车就是一个电子控制系统的大集合。

11-4-4 电动摩托车

不仅是电动汽车，电动摩托车（Scooter）也是功率半导体的应用范围。随着充电设施的建设，电动摩托车的普及率也来越高。

最后补充一点，在车用充电电池的市场方面，中国企业非常具有竞争力。

在快速充电设施方面，全世界各国的产品标准都是不一样的。三菱和日产两家日本公司制定了日本的产品标准 CHAdeMO，并致力于吸引更多的国际企业加入这一标准。

11-5 21 世纪交通基础设施与功率半导体

上一节介绍了功率半导体在汽车领域的应用，这一节来看看功率半导体在铁路交通基础设施方面的应用。如今铁路运输正在经历从内燃机动力到绿色能源动力的升级。

11-5-1 高速铁路网与功率半导体

不光是发达国家，许多发展中国家也在大力建设着自己的**高速铁路网**。日本政府和民间都在积极致力于将日本的新干线系统推广到有高速铁路网建设需求的国家去。即使是在日本国内，虽然新干线已经连通了北海道的函馆和九州的鹿儿岛，但民众还是希望提高铁路运行速度，建设比新干线更加快捷的高速铁路。不光是北美、欧洲、金砖四国，连越南、马来西亚、印尼等新兴国家也有高速铁路的建设计划。在这样的背景下，功率半导体又将迎来更大的市场。

第 4 章曾经说过，高速列车中的交流电动机中一定会用到功率半导体。所以对于功率半导体强国的日本来说，高速铁路的热潮正是发挥优势的最好机遇。

11-5-2 轨道列车的再度兴起

铁路运输不仅仅包括高速铁路，我们身边可以看到的还有轨道列车。笔者的少年时代，无论是东京这样的大都市，还是地方小城市，都有轨道列车，直到大学时代都还在乘坐轨道列车。但后来随着私人汽车的普及，轨道列车就渐渐被淘汰了。如今只有一些地方城市还保留了一些轨道交通线路。但是近年来随着长崎、函馆这些城市旅游业的发展，许多游客对作为文化特色的轨道交通很有兴趣，所以轨道交通又有了新的存在价值。

在宇都宫市这样的地方城市，也开始出现轻轨建设项目了。图 11-5-1 是富山市轻轨车的照片。

图 11-5-1　富山市的轻轨车

如此看来，功率半导体在高速铁路以外的其他铁道项目中依然大有作为。西欧的许多城市，交通情况和日本有点类似，所以也在快速普及轻轨项目。笔者曾有幸到访德国的斯图加特，并在那里乘坐过轻轨（S-Bahn，严格来说并非轻轨，而是城市快捷铁路，译者注），体验非常舒适。斯图加特这座城市本身也是有地铁（U-Bahn）的。地铁与轻轨并存，去机场或近郊可以坐轻轨，在市中心则可以乘坐地铁。所以日本的城市，尤其是三大都市以外的地方中心城市，也可以考虑这样的交通方式。

11-5-3　燃料电池列车

11-4 节曾经提到，随着汽车产业向电动汽车（EV）转型，除了传统汽车企业以外，许多原本的电子企业也在积极参与电动汽车业务。因此面对全球电动汽车的庞大市场，日本的电动汽车企业也纷纷公布了自己的市场目标。

然而，其中的燃料电池汽车（FCC）在问世后不久就偃旗息鼓了。但是在列车领域，JR 东日本公司推出了一款使用燃料电池的列车 HYBARI，90kg 的氢气可供行驶 140km，可以运行在非电气化线路上。的确，氢气供应站的建设依然是个难题，但可以考虑与燃料电池汽车的氢气供应站进行整合。无论如何，这也是一种新的发展思路。

11-6　跨领域的功率半导体技术令人期待

功率半导体在 21 世纪的能源网络中占有重要的地位，具有很大的跨领域应用潜力，值得期待。

11-6-1　对功率半导体的重新认识

我们重新来看 11-1 节所讲的功率半导体与时代的关系。第 4 章中曾经说过功率半导体在许多领域中的重要意义，这里再一次总结在图 11-6-1 中。无论是从能源供给侧还是能源需求侧，功率半导体都能满足高效化、低成本化和高性能化的需求，从上游到下游都对功率半导体充满期待，应用范围广泛，在各个领域都有巨大的潜力。

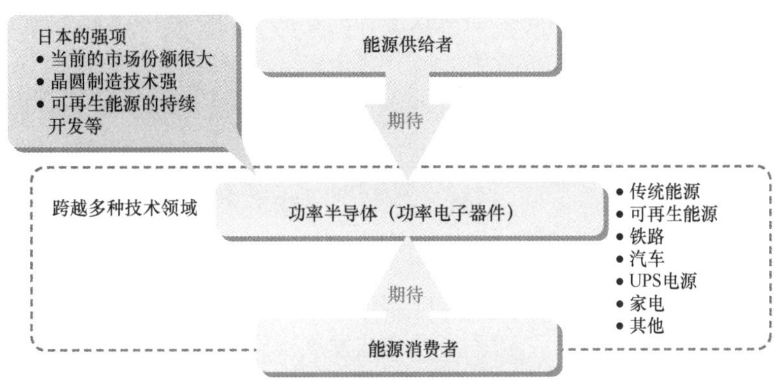

图 11-6-1　功率半导体的跨领域开发潜力

当然，功率半导体也有许多尚未攻克的难题，如第 6、9、10 章中所提到的，无论是基础材料，还是器件设计，都有提升空间。而且从日本的功率半导体研发水平来说，可以说是重振日本半导体产业的一剂良药。曾经的日本半导体产业占领了世界市场的半壁江山，曾是当之无愧的世界第一。现在日本半导体只占世界市场的 10%，让很多人对日本半导体产业失去了信心。

如第 8 章所说，日本在功率半导体方面非常努力，无论是基础材料的研发，还是产品的制造，都拥有一大批先进技术。如图 11-6-2 所示，传统的垂直统合的企业模式是日本成功的秘诀。即使以后可能会出现设计和生产的分化，日本的设计企业也完全有实力继续生存下去。

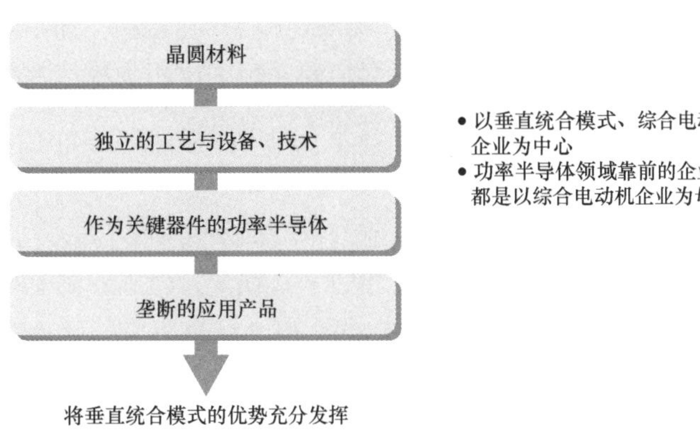

图 11-6-2　功率半导体的垂直统合型企业模式

11-6-2 是否能成为时代的关键词

时代的关键词一直在变化。但笔者认为环境和能源作为21世纪人类最关心的问题，这个现状一时是不会改变的。因此，随着碳中和和智能电网等技术战略的推进，围绕功率半导体的应用和开发将变得越来越重要。

功率半导体无论是基础材料还是产品制造，都依赖于具有技术优势的垂直统合模式，日本企业在这方面走在世界领先水平，未来将大有可为。

另一方面，在大规模集成电路（LSI）领域，一味追求小型化的思路已经难以为继。2006年左右提出的More than Moore的路线，意味着人们开始不再拘泥于器件尺寸，而开始从其他途径寻求技术的进步。许多企业已经不再致力于此，因此2017年，这个ITRS路线图组织终于退出了历史的舞台。功率半导体的发展模式，有可能是解决集成电路当前难题的备选答案。让我们对功率半导体产业的未来拭目以待吧。

专栏：基础材料和核心器件

笔者初次进入职场，是在一家电子企业，在那里得到了很多关照。那个企业用铁磁材料、陶瓷等原料生产电子元件。刚刚入职时，笔者在生产岗位实习，听到最多的话就是：我们公司强大的根本，在于基础材料。

每天把这句话放在嘴边，渐渐觉得的确如此。在铁磁材料的工厂里实习的时候，每天都接触大量的粉尘，所以每天下班回到宿舍，一定要洗个澡。

笔者第二家工作过的企业，其创始人从学生时代就搞出了许多发明创造并因此闻名。他让我们在别人没干过的事情上多下功夫。公司产品中的核心器件，都尽量自己生产。我们虽然还是一个小企业，但是就舍得购买贵重的原料和设备生产半导体器件。后来我们也成为世界上最早用自己研发的晶体管生产晶体管收音机的企业。

在这两家企业，年轻时代的笔者耳濡目染着基础材料和关键器件的重要性，似乎成为一种信仰。至今还会想起，自己曾多少次在心里反复默念这句话。

的确，时代在变迁，时代所需要的关键技术也一直在变，但主要是基础材料和核心器件。进入21世纪以后，各种与能源相关的关键词、概念层出不穷，让人眼花缭乱。但我们需要有一双明亮的眼睛，看清时代真正的需求是什么。

参考文献

本书写作过程中主要的参考书目如下。

与功率半导体相关，包括：

1）パワーMOSFETの応用技術、山崎浩、日刊工業新聞社（1988）

2）パワーエレクトロニクス学入門、河村篤男編著、コロナ社

3）パワーエレクトロニクスとその応用、岸敬二、東京電機大学出版局

与铁路、汽车及其他各种应用相关，包括：

4）図解「鉄道の科学」、宮本昌幸、講談社ブルーバックス

5）とことんやさしい電気自動車の本、廣田幸嗣、日刊工業新聞社

6）とことんやさしいエコデバイスの本、鈴木八十二、日刊工業新聞社

7）よくわかる最新電気の基本と仕組み、藤澤和弘、秀和システム

此外也有一些著作和论文，难以一一列出，谨在此表示感谢。另外，书中所有图片和照片得到了原作者许可，并注明了出处。

书中对于市场和业界动向的部分，都是参考了媒体的报道。引用自政府、各企业主页上的内容也都获得了许可。在此一并表示感谢。

最后，作为个人的小小愿望，笔者想把这本书送给我可爱的孙辈们。

作　者